Angelika und Robert Riemelmoser

Hanf vom Hof

Angelika und Robert Riemelmoser

Hanf vom Hof

Anbau, Ernte und Vermarktung von Nutzhanf

Leopold Stocker Verlag
Graz – Stuttgart

Umschlaggestaltung, Layout und Repro: Werbeagentur Rypka GmbH, 8143 Dobl, www.rypka.at
Fotonachweis: Fotos Umschlag-Vorderseite: © Hanfland (3), DeeaF/shutterstock.com (1 re. u.)
Bildnachweis:
Alle Abbildungen stammen von den Autoren, ausgenommen jene, die einen Hinweis auf einen anderen Autor im Bildtext enthalten.

Bibliografische Information der Deutschen Nationalbibliothek:
Die Deutsche Nationalbibliothek verzeichnet diese Publikation in der Deutschen Nationalbibliografie; detaillierte bibliografische Daten sind im Internet unter http://dnb.d-nb.de abrufbar.

Hinweis: Dieses Buch wurde auf chlorfrei gebleichtem Papier gedruckt. Die zum Schutz vor Verschmutzung verwendete Einschweißfolie ist aus Polyethylen chlor- und schwefelfrei hergestellt. Diese umweltfreundliche Folie verhält sich grundwasserneutral, ist voll recyclingfähig und verbrennt in Müllverbrennungsanlagen völlig ungiftig.

Auf Wunsch senden wir Ihnen gerne kostenlos unser Verlagsverzeichnis zu:
Leopold Stocker Verlag GmbH
Hofgasse 5/Postfach 438
A-8011 Graz
Tel.: +43 (0)316/82 16 36
Fax: +43 (0)316/83 56 12
E-Mail: stocker-verlag@stocker-verlag.com
www.stocker-verlag.com

ISBN 978-3-7020-2101-6

INHALT

Foto: CO2 EA GmbH

VORWORT

Hanf ist eine jahrtausendealte, vielseitige, landwirtschaftliche Nutzpflanze. Schon in der Antike kurierten Ärzte in China und Europa mit Hanf, Gutenberg druckte seine Bibel auf Hanf, Columbus entdeckte Amerika mit Segeln aus Hanf, Levi Strauss fertigte Jeans aus Hanf und Henry Ford baute sogar ein Auto aus Hanf. Wegen Hanf wurden Kriege geführt – um an Anbauflächen für Nutzhanf zu kommen oder solche für Rauschhanf zu zerstören – und mit ihm wurden Kriege gewonnen. Sein Niedergang begann mit der Industrialisierung, zuerst mit dem Aufkommen der – durch Sklavenarbeit billigeren – amerikanischen Baumwolle, später mit petrochemischen Produkten wie Kunststofffasern.

Aufgrund der von den USA ausgehendenden Verurteilung von Hanf als Rauschgift in Form von Marihuana wurde diese Pflanze vor knapp hundert Jahren weltweit geächtet. Dadurch blieben Züchtung, Ernte- und Verarbeitungsmethoden im Wesentlichen auf dem Stand des 19. Jahrhunderts stehen. In den letzten Jahrzehnten haben sich hauptsächlich Hanfraucher (sogenannte „Kiffer") mit den berauschenden Eigenschaften des Hanfes beschäftigt, was sich an einer schier unüberschaubaren Menge einschlägiger Literatur zeigt. Erst in letzter Zeit wurden die vielfältigen Vorzüge dieser Pflanze als nachwachsender Rohstoff wiederentdeckt. Mitunter wird Hanf nun als „grünes Gold" bezeichnet und als Wundermittel für und gegen alles überhöht.

Nüchtern und sachlich betrachtet haben wir mit *Cannabis sativa*, so der lateinische Name, eine interessante landwirtschaftliche Produktionsalternative, die zu einer besseren Bodenbewirtschaftung beitragen kann und weitere ökologische Vorteile bietet. Unsere eigenen Erstversuche auf offensichtlich völlig ungeeigneten alpinen Böden in der Obersteiermark und mit einer ungeeigneten Sorte verliefen vorerst enttäuschend. Damit befinden wir uns aber in guter Gesellschaft: Hanf-Neueinsteiger müssen anfangs meist mit Rückschlägen rechnen. Die Wahl der richtigen Sorte, der optimalen Saatstärke und Anbaumethode sowie des regional unterschiedlichen besten Aussaattermins lassen sich oft nur durch Versuch und Irrtum erarbeiten.

Wir Autoren haben uns der Herausforderung gestellt, ein Buch zu verfassen, das Landwirten einen kurzen und kompakten Einstieg in die faszinierende Welt des Hanfes ermöglicht.

Dieses Buch beschäftigt sich daher in erster Linie mit dem landwirtschaftlichen Anbau von Hanf in Mitteleuropa. Wir wollen die Pflanze, ihre Herkunft und Besonderheiten vorstellen sowie einen kurzen Überblick über ihre Verwendungsmöglichkeiten, vor allem auch in der bäuerlichen Direktvermarktung, geben. Die Verwendung als Rauschmittel, wegen der Cannabis in Verruf geraten ist, wird dabei zum besseren Verständnis des Hanfes gestreift.

In diesem Praxisbuch greifen wir neben eigenen Versuchen und Erfahrungsberichten langjähriger Hanfpioniere auf eine Vielzahl von Quellen aus der Fachliteratur zurück, die zwecks flüssigerer Lesbarkeit im Text zumeist nicht gesondert angeführt sind. Wir haben versucht, aus dem vorhandenen, weitreichenden Expertenwissen die für den Hanfbauern wesentlichen Punkte herauszufiltern und zusammenzufassen. Im Literaturverzeichnis sind die von uns verwendeten, vorwiegend wissenschaftlichen, Dokumente vollständig aufgelistet.

Abschließend bedanken wir uns sehr herzlich bei den engagierten Praktikern des Hanfanbaus und der Hanfverarbeitung, die ihr Wissen und ihre Erfahrung mit uns geteilt haben. Ohne sie wäre dieses Buch wohl nie zustande gekommen.

Unser ganz besonderer Dank gilt dem Leopold Stocker Verlag, der trotz aller Verzögerungen immer an dieses Buch geglaubt hat, und vor allem unserer Lektorin, Dipl.-Ing. Karin Ch. Taferner, die uns mit profundem Fachwissen und beständiger Hartnäckigkeit massiv unterstützt und es so geschafft hat, dass dieses Buch – anders als viele andere, von uns angefangene Projekte – auch fertig wurde.

Wir wünschen Ihnen, geschätzte Leserinnen und Leser, eine informative Lektüre und eine spannende Reise in die Welt des Hanfes.

Angelika und Robert Riemelmoser
Rottenmann/Graz, 2024

GESCHICHTE

Die spannende Geschichte des Hanfes reicht bis in die Steinzeit zurück. Als eine der ältesten Kulturpflanzen der Menschheit hatte sie bis zum Beginn des 20. Jahrhunderts eine herausragende Bedeutung. Durch die industrielle Revolution, das Aufkommen alternativer Fasern und petrochemischer Öle, vor allem aber durch die politisch motivierte Prohibition des 20. Jahrhunderts geriet Hanf fast in Vergessenheit, um mit dem Beginn des neuen Jahrtausends wieder eine Rückbesinnung zu erleben.

HANF IM ALTERTUM

Manche Forscher meinen, Nachweise für die Verwendung von Hanffasern bereits in der Steinzeit gefunden zu haben, etwa in der Dzudzuana-Höhle in Georgien vor 34.000 Jahren. Neuere Forschungen gehen davon aus, dass es sich bei diesen Fasern um Flachs handelt. Die Menschen in der Jung-Steinzeit sammelten und verarbeiteten jedoch bereits nachweislich Fasern, wie Abdrücke von **Hanfkordeln** auf 8.000–10.000 Jahre alten Scherben von Tonkrügen zeigen, die in Taiwan gefunden wurden. Auch Spuren von **Hanftüchern** aus dieser Zeit wurden in Mesopotamien entdeckt.

Die ersten Nachweise von Hanf in Europa stammen aus dem Jahr 5500 v. Chr., wie Grabungen in Eisenberg/Thüringen ergeben haben. Mitunter werden diese auch auf 7500 v. Chr. datiert. Aus der Zeit um 3500 v. Chr. existieren die ersten Nachweise für Hanfverwendung, unter anderem in Bayern und Thüringen, um 3000 v. Chr. wurden Hanffasern im zentralasiatischen Turkestan verarbeitet. König Salomon ließ seinen Tempel um 960 v. Chr. mit phönizischen **Hanfseilen** erbauen.

Die bisher ältesten gefundenen Hanfseile stammen aus der Eisenzeit (800 bis 400 v. Chr.) und wurden im Salzbergwerk Hallein bei Salzburg zusammen mit verschiedenen Geräten bei damals verunglückten Bergleuten gefunden. Ein anderes Fundstück stammt aus dem Grabhügel des keltischen Fürsten von Hochdorf bei Stuttgart (500 v. Chr.). Dort lag der tote Fürst auf einem bronzefarbenen Liegesofa, das u. a. mit verschiedenen Stoffen aus **Hanfbast** gepolstert war.

Die Kelten und Germanen legten ihren Verstorbenen im 5. Jahrhundert v. Chr. Hanfsamen als Beigaben ins Grab. Die im Jahre 565 v. Chr. in Paris begrabene Merowingerkönigin Adelgund wurde in Kleidung aus **Hanfgewebe** bestattet. Dieser Fund ist der früheste gewebte Stoff der vollaufbereiteten Hanffaser. Bereits um 450 v. Chr. schrieb Herodt über Kleidung aus Hanf. Er berichtet, dass die Thraker Kleidung aus Hanf machen, die „ganz so aussehen wie leinerne, so dass Leute, die sich nicht ganz genau darauf verstehen, sie nicht voneinander unterscheiden können".

Beschreibungen der Hanfpflanze sind sowohl von den Ägyptern als auch den Assyrern überliefert, die die Pflanze „Qunnu-Bum" nennen. Die Römer machten daraus zuerst „Cannabum", dann „Cannabis". Cannabis galt bereits seit 1400 v. Chr. als heilige **Droge**. In manchen Quellen heißt es, dass sich Buddha auf seinem Erleuchtungspfad im Jahr 800 v. Chr. ausschließlich von Hanfsamen ernährt haben soll. Buddhisten schätzen Hanf auch heute noch vor allem als berauschendes Getränk, genannt „Bhang".

In der Antike war Hanf sowohl **Medizin** als auch Kleidungsstoff der Ägypter, Griechen und Römer. Plinius der Ältere (23 bis 79 n. Chr.) schreibt, dass Hanf Schmerzen lindere. Der griechische Arzt Pedanios Dioscurides berichtet im 1. Jahrhundert n. Chr. von der Wirksamkeit des Saftes der Hanfsamen gegen Ohrenschmerzen.

Kaiser Karl der Große erwähnte 812 n. Chr. den Hanf (canava) im Kapitel LXII seiner Landgüterverordnung „Capitulare de villis vel curtis imperii", wohl auch weil **Hanfsehnen** damals für Langbögen wichtig waren.

Manche Historiker sehen im Anbau der Hanfpflanze sogar einen der wichtigsten Faktoren für die Entwicklung der modernen Zivilisationen und des Steuerwesens: Im alten China wurde Hanf bereits in der Medizin eingesetzt und sogar Steuerschulden konnten mit Hanfstängeln beglichen werden. In Europa galten Hanfsamen unter Kaiser Karl dem Großen (747 bis 814 n. Chr.) und in England unter König Heinrich VIII. (1491 bis 1547) ebenfalls als akzeptiertes **Zahlungsmittel** für Steuern.

HANF IN DER NEUZEIT

Ab dem 13. Jahrhundert etablierte sich auch in Europa die Papiererzeugung aus Hanf, die in China bereits um 100 v. Chr. nachgewiesen wurde. Das wahrscheinlich bekannteste Hanfprodukt – neben den ersten Jeans von Levi's – ist die Gutenberg-Bibel aus den Jahren 1452–1454, das erste gedruckte Buch der westlichen Welt. Sie wurde ebenso auf **Hanfpapier** gedruckt wie die ersten Entwürfe der amerikanischen Unabhängigkeitserklärung 1776 und viele Werke der Weltliteratur, die vor 1850 veröffentlicht wurden.

Aber nicht nur Bücher wurden auf Hanf gedruckt, auch viele Bilder des 17. Jahrhunderts wurden auf Leinwänden aus Hanf mit Hanföl-basierten Farben gemalt – und zeigen Hanfraucher. **Hanföl** wurde aber auch zur Befeuerung von Lampen verwendet.

INFO!

Der erste Präsident der USA, George Washington, war Hanfbauer, ebenso wie Thomas Jefferson, der Verfasser der amerikanischen Unabhängigkeitserklärung; Amerikas 16. Präsident, Abraham Lincoln, war Hobby-Hanf-Pflanzer – „Grower", wie man heute sagen würde.

George Washington, der erste Präsident der Vereinigten Staaten, war – wie viele seiner Nachfolger – Hanfbauer.
Foto: gemeinfrei; Quelle: Wikimedia Commons; Artist: Gilbert Stuart; Location: Sterling and Francine Clark Art Institute, Williamstown

Hanf war sowohl für die Eroberungszüge der Wikinger als auch für die Entdeckungen des Christoph Columbus unerlässlich. Die Pflanze erlebte ihre Glanzzeit vor allem im 17. Jahrhundert, der Zeit der Segelschifffahrt, wo sie als Material für Segel, Seile, Netze und Matrosenbekleidung diente. Bis hin zu Flagge, Bibel und Logbüchern war Hanf allgegenwärtig. Allein für die Segel eines durchschnittlichen Schiffes wurden zwischen 50 und 100 Tonnen Hanffasern benötigt.

Seit Beginn des 19. Jahrhunderts verdrängte Baumwolle zunehmend die bis dato für Segelschiffe verwendeten Segel aus Hanf. Foto: gemeinfrei; Quelle: State Library of Victoria; Artist: Allan C. Green

Das Aufkommen der Dampfschifffahrt, der Einsatz billigerer Natur- und Kunstfasern sowie von Holz als Rohstoff für die Papiererzeugung führten zu einem Einbruch der Nachfrage nach Hanf im späten 19. Jahrhundert. Dennoch heißt es, dass Napoleons Russlandfeldzug im Jahr 1812 auch erfolgte, um die russischen Hanfexporte zu unterbinden. Immerhin deckte Russland zwei Jahrhunderte lang 80 Prozent des Hanfbedarfs der westlichen Welt.

Alternative Naturfasern wie die – mittels Sklavenarbeit billig hergestellte – Baumwolle, aber auch Jute und Sisal sowie das Aufkommen von petrochemischen Kunstfasern trugen zum Niedergang der Hanfindustrie im 19. und 20. Jahrhundert bei. Auch das zunehmende Suchtverhalten der Menschen gegenüber Alkohol, wie Bier oder Whisky, der nun industriell hergestellt wurde, so wie gegenüber Drogen, wie Opium, Kokain und Heroin, erschwerten die Hanfproduktion zusehends.

Marihuana Prohibition

Wer die heutigen Probleme des (Nutz-) Hanfanbaues verstehen will, muss zurückblicken in die Vereinigten Staaten ab 1915. Missionarische Kirchen wie die Mormonen wandten sich nach der wohl nur aus ihrer Sicht erfolgreichen Alkoholprohibition (1920–1933) neuen Zielen zu. Die nach 1933 „arbeitslosen Alkohol-Agenten“ fanden im Hanf ein neues Arbeitsgebiet.

Finanzminister Andrew Mellon, der Eigentümer von GulfOil, sowie Randolph Hearst, Besitzer von Papierfabriken und Zeitungen, sowie Chemiekonzerne wie DuPont kriminalisierten Hanf durch hetzerische Propaganda als Killerdroge. Sie wollten damit die Konkurrenz für die amerikanische Öl-, Baumwoll-, Holz- und Stahllobby vernichten.

Hearst hatte bereits um die Jahrhundertwende durch sensationslüsterne Berichterstattung einen Krieg der Vereinigten Staaten gegen Spanien um dessen Kolonie Kuba forciert und 800.000 Hektar ertragreiche mexikanische Wälder besetzen lassen.

DuPont patentierte 1937 Verfahren zur Herstellung von Kunststoffen aus Öl und Kohle sowie ein neues Bleichverfahren zur Herstellung von Papier aus Zellstoff. Das Unternehmen riet seinen Aktionären, in seine neue petrochemische Industrie zu investieren, da die „Regierung die Akzeptanz

Harry J. Anslinger, Leiter des amerikanischen Drogendezernats, ging mit missionarischem Eifer gegen Cannabis vor und erreichte dessen weltweite Ächtung über viele Jahrzehnte.
Foto: gemeinfrei; Library of Congress, Prints & Photographs Division, LC-USZ62-87322

dieser neuen Industrien erzwingen würde." So kam es auch.

Das 1931 gegründete Federal Bureau of Narcotics mit seinem berüchtigten Leiter Harry Jacob Anslinger, einem Neffen von Finanzminister Andrew Mellon, erreichte 1937 ein landesweites Hanf-Verbot. Der „Marihuana Tax Act", der Nutzhanf von der Energie-, Papier- und Kunststoffproduktion ausschloss, wurde nach nur 50 Minuten Beratung durch den amerikanischen Kongress angenommen.

Im 19. Jahrhundert war der Hanfanbau in einzelnen Bundesstaaten noch verpflichtend, in Virginia drohte jenen sogar eine Gefängnisstrafe, die den Hanfanbau verweigerten. Zwei Jahrhunderte später sieht es genau umgekehrt aus. Die von den USA ausgehende sogenannte Marihuana-Prohibition hat fast die gesamte westliche Welt (außer Frankreich) erfasst.

Mit dem UN-Einheitsabkommen über die Betäubungsmittel aus dem Jahr 1961 wurde der Hanfanbau nahezu weltweit verboten (Ausnahmen sind Staaten wie Nordkorea). In Österreich wurde diese völkerrechtliche Konvention durch die sogenannte „Einzige Suchtgiftkonvention" 1961 umgesetzt, die nach wie vor in Kraft ist.

George Schlichten – ein österreichischer Erfinder

Zur Zeit der heraufdämmernden Marihuana-Prohibition entstanden aber auch wichtige Erfindungen zur Verwendung von Nutzhanf. Der heute kaum mehr bekannte gebürtige Österreicher Georg Schlichten erhielt

Dekortikatoren werden auch heute noch genutzt, um Faserpflanzen, wie etwa Hanf, maschinell zu bearbeiten. Foto: Wikimedia Commons/123Audry; Lizenz: CC BY-SA 4.0 DEED

1919 ein US-Patent für einen verbesserten Dekortikator. Dabei handelt es sich um eine Maschine zum Schälen von Nüssen, Holz, Pflanzenstielen und Getreide. Dessen Urform, der sogenannte Scavenzzatrice, wurde bereits 1861 von einem Bauern aus Bologna namens Bernagozzi hergestellt. Durch Schlichtens Dekortikator sollten der Arbeitskräftebedarf der Hanfpapiererzeugung um den Faktor 100 gesenkt werden, Holzpapier wäre demnach im Vergleich deutlich teurer geworden.

George Schlichten hatte Kontakt mit dem bedeutenden Zeitungsverleger Edward W. Scripps, dem Gründer des United Press Syndicate. Trotz dessen Ablehnung seiner Erfindung kaufte Schlichten im Mai 1919 neunzig Morgen Land in der Nähe der University State Farm, wo er verschiedene Faserpflanzen anbaute und eine Papierfabrik bauen wollte. Lokalen Bauern bot er ordentliche Preise für Hanf an. Jedoch wurde Kalifornien ab 1921 zum Vorreiter für ein Hanfverbot. Nach Polizeieinsätzen nahe Schlichtens Farm distanzierte sich die University Farm vom Hanfanbau. Dennoch wurde weiterhin die Errichtung einer Hanfstadt und einer Hanfplantage von 100.000 Hektar bis 1924 geplant, um „Faden, Stoff und feinen Stoff“ zu produzieren. George Schlichten bekam jedoch gesundheitliche Probleme und starb 1923.

Mit dem Hemp Car konstruierte Henry Ford bereits 1941 ein revolutionäres Auto aus nachwachsenden Rohstoffen. Foto: gde-fon.com

Henry Ford – Industrie-, Auto- und Hanfpionier

Der amerikanische Autopionier Henry Ford hat sich bereits seit 1920 mit der Verwendung nachwachsender Rohstoffe beschäftigt. Er konstruierte 1941 aufgrund der kriegsbedingten Metallknappheit ein Auto aus Pflanzenfasern, um das sich Legenden ranken. Das sogenannte Hemp Car (manchmal auch: Soybean-Car) soll eine Karosserie aus Flachs, Weizen, Hanf und Holzmasse gehabt haben und dadurch statt 1.400 nur 900 Kilogramm gewogen haben – bei zehnfach höherer Stoßfestigkeit. Zeitzeugen berichten aber auch, dass dieses Auto aus Sojabohnenfasern in einem Phenolharz bestand. Als Treibstoff soll Hanföl bzw. Methanol verwendet worden sein. Henry Ford hob bereits vor 80 Jahren in fast schon prophetischer Weitsicht die günstige CO_2-Bilanz des Hemp Car hervor. Weder die genaue Zusammensetzung der Werkstoffe noch das Fahrzeug selbst sind jedoch erhalten. Letztlich haben starke Lobbyinggruppen unter anderem der petrochemischen Industrie (etwa der Nylon-Hersteller DuPont) Hanf erfolgreich kriminalisiert und damit seine industrielle Nutzung über mehrere Jahrzehnte verhindert.

Auch andere Erfinder der Automobilbranche setzten auf nachwachsende Rohstoffe. Rudolf Diesel hatte zwar seinen ersten Motor, den er auf der Weltausstellung 1900 in Paris vorstellte, mit Erdnussöl betrieben, experimentierte aber auch mit Hanföl als Treibstoff. Wäre der geniale Ingenieur nicht 1913 unter mysteriösen Umständen im Ärmelkanal umgekommen, wären wir heute womöglich weniger stark von der Petroindustrie abhängig.

Zweiter Weltkrieg

Während des Zweiten Weltkrieges wurden viele Rohstoffe knapp und die Regierungen – die US-Regierung genauso wie die des Deutschen Reichs oder jene des Königreichs Schweden – forcierten den Anbau von Nutzhanf. Aus dieser Zeit stammen staatliche Werbefilme wie „Hemp for victory“ (USA) und Lehrschriften wie „Die lustige Hanffibel“ oder „Svensk Hampodling“. Die Vereinigten Staaten sahen Hanfanbau als derart wichtig an, dass Bauern und deren Söhne, die Hanf anbauten, vom Wehrdienst befreit waren.

INFO! Hemp for victory

1942 ließ das amerikanische Landwirtschaftsministerium den kurzen Propagandafilm „Hemp for victory" (Hanf für den Sieg) herstellen. Durch den Angriff der Japaner auf Pearl Harbour 1941 musste die amerikanische Kriegsproduktion so schnell wie möglich hochfahren. Da jedoch die ostindische und philippinische Hanfproduktion in den Händen der Japaner war und die Juteeinfuhr aus Indien nachließ, gab es zu wenig Hanffasern für Taue, Seile und Fallschirmschnüre für die US-Marine. Zwar war die Hanfproduktion damals in den USA illegal, trotzdem wollte man die Bauern der Staaten Kentucky und Wisconsin überzeugen, statt Mais nun Hanf anzubauen. Im Film heißt es unter anderem: *„als Teil des Kriegsprogramms muss die Hanfproduktion mit sofortigem Eingang gesteigert werden."*

Im Jahr 1939 erschien die erste Ausgabe von „Die lustige Hanffibel". In Reimen wurde der Anbau von Nutzhanf erklärt, um der Rohstoffknappheit der Kriegsjahre entgegenzuwirken. Foto: Riemelmoser

Mit Ende des Krieges änderte sich die Einstellung zum Hanfanbau wieder, das Verbot lebte in der zweiten Hälfte des 20. Jahrhunderts erneut auf. Diesmal spielte eine von Präsident Ronald Reagan eingesetzte „Drug Task Force" mit ihrem Leiter George Bush die entscheidende Rolle. Bush war Direktor eines Pharmakonzerns und hielt beträchtliche Aktienpakete an weiteren Pharmariesen, etwa eine Sperrminorität bei Pfizer. Noch als Vizepräsident der Vereinigten Staaten betrieb er derart intensives Lobbying für die Pharmaindustrie, dass er vom amerikanischen Höchstgericht kritisiert wurde. Er versuchte sogar, Ergebnisse der Cannabis-Forschung aus Universitätsbibliotheken zu verbannen.

INFO! Welt-Cannabis-Tag: 20. April

Weltweit wird an diesem Tag die Legalisierung des Rauschmittels thematisiert. An mehreren amerikanischen Orten, aber beispielsweise auch im Görlitzer Park in Berlin, wird dieser Tag als inoffizieller Feiertag der Hanfszene begangen. Der Tag wurde wegen seiner englischen Schreibweise 4:20 gewählt. Um diese Uhrzeit machten sich ein paar kalifornische Schüler im Jahr 1971 stets auf, um eine sagenumwobene Hanfplantage zu suchen, die nie gefunden wurde. Fourtwenty etablierte sich jedoch rasch zum Code der Kifferszene und wird von Bands wie Grateful Dead, Filmemachern wie Quentin Tarantino und selbst den Simpsons verwendet.

HANF AKTUELL

Erst seit der Jahrtausendwende erlebt Hanf als Nutzpflanze wieder ein Comeback. Selbst berauschendes und medizinisches Cannabis wird in weiten Teilen der Gesellschaft immer seltener als Teufelskraut angesehen. Immer mehr Staaten legalisieren die Verwendung von Hanf.

HANFANBAU WELTWEIT

Die Hanfpflanze kann in unterschiedlichen Klimazonen wachsen und wird daher auch auf der ganzen Welt angebaut. Weltweit führend im Hanfanbau ist Asien mit etwa 80.000 Hektar. Demgegenüber liegen die Anbauflächen in der Europäischen Union bei weniger als einem Viertel davon.

Das Land mit der größten Hanfproduktion der Welt ist **China**. Es produziert jährlich die größte Menge an Nutzhanf und ist auch der größte Exporteur von Hanfpapier und Textilien. Das wird vermutlich auch so bleiben, denn in Chinas 13. Fünfjahresplan ist von dem Vorhaben zu lesen, bis 2030 auf 3,2 Millionen Hektar Hanffasern für Textilien anzubauen.

Vereinigte Staaten (USA)

Die **USA** zählen zu den führenden Hanfproduzenten der Welt, was vor allem auf das Agrargesetzgebungspaket „Farm Bill“ 2018 zurückzuführen ist. Seither unterliegt Hanf mit weniger als 0,3 Prozent THC-Gehalt nicht mehr dem Gesetz über kontrollierte Substanzen (Controlled Substances Act, kurz CSA).

Nachdem die Vereinigten Staaten jahrzehntelang die Speerspitze der globalen Cannabis-Prohibition waren, haben mittlerweile 37 US-Bundesstaaten sowie Washington DC den Marihuana-Konsum zu medizinischen Zwecken freigegeben.

Da die nötigen Atteste sehr einfach zu bekommen sind, ist eine weitgehende Cannabis-Legalisierung die Folge. In 18 dieser Bundesstaaten ist nicht einmal eine medizinische Begründung erforderlich. In Bundesstaaten wie Minnesota ist es seit Juli 2022 jeder Person über 21 Jahren erlaubt, Speisen und Getränke mit bis zu fünf Milligramm THC pro Portion zu kaufen.

Im April 2022 verabschiedete das US-Repräsentantenhaus zudem einen Gesetzesentwurf, mit dem Marihuana auch auf Bundesebene legalisiert werden soll – und somit über Bundesstaatsgrenzen hinaus transportiert werden darf und nicht mehr in Bargeld bezahlt werden muss. Die legale US-Marihuana-Industrie beschäftigt mittlerweile eine halbe Million Menschen, legale Cannabis-Verkäufe werden entsprechend einer Prognose zu diesem Gesetzesentwurf bis zum Jahr 2025 über 40 Milliarden Dollar ausmachen. An diesem boomenden Wirtschaftszweig möchte natürlich auch der Finanzminister mitnaschen – derzeit ist eine Verkaufssteuer von fünf Prozent geplant. Dieser sogenannte „More Act“ wird unter anderem vom Handelsriesen „Amazon“ tatkräftig unterstützt. Andererseits kostet die Cannabis-Bekämpfung allein in den USA etwa 3,6 Millionen Dollar jährlich, ohne dass deswegen Verfügbarkeit und Konsum wesentlich eingeschränkt wurden.

Europa

In Europa ist **Frankreich** der größte Hanfproduzent und war von 1995 bis 2015 für mehr als die Hälfte der in Europa produzierten Menge an Hanfsamen und Zellstoff für Papier verantwortlich. Auch die meisten Hanfsamen- und Faserhanfsorten kommen aus Frankreich.

In den 1940er Jahren war **Italien** neben der Sowjetunion der zweitgrößte Hanfproduzent der Welt. Auf über 100.000 ha wurde Hanf angebaut. Das von der Regierung unterzeichnete Übereinkommen über Suchtgift setzte dem 1961 ein vorläufiges Ende. Durch gesetzliche Erleichterungen steigt der Hanfanbau jetzt wieder an.

In den USA gibt es ernsthafte Legalisierungsbestrebungen für Cannabis. Foto: Hanfland

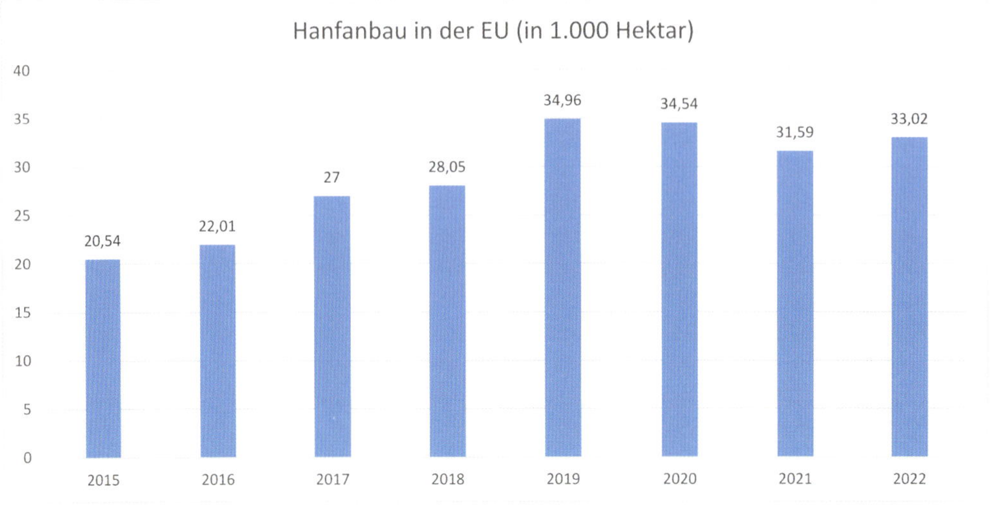

Entwicklung der für den Hanfanbau genutzten Landfläche in der Europäischen Union in den Jahren 2015 bis 2022
Quelle: Eurostat

Auch die **Niederlande** verstärken ihre Hanfproduktion. Das Land ist nun der drittgrößte Hanfproduzent in Europa. Zusätzlich bauen niederländische Unternehmen (z. B. HempFlex) Hanf auch verstärkt in Rumänien an. Rumänien war einst Europas größter Hanfproduzent.

In **Großbritannien** war der Hanfanbau früher auch vor allem für die Herstellung von Schiffssegeln und Seilen von großer Bedeutung. Heute ist Großbritannien der größte Hersteller von medizinischen Hanf- und CBD-Produkten.

Entscheidend für die Zulässigkeit des Hanfanbaues ist der THC-Wert. Der Grenzwert für die psychoaktiv-wirkende Substanz Tetrahydrocannabinol (THC) betrug in der Europäischen Union ursprünglich 0,5 Prozent. Er wurde später auf 0,3 Prozent gesenkt und im Jahr 1999 auf Drängen Frankreichs, wo Cannabiskonsum weit verbreitet ist, nochmals auf 0,2 Prozent THC herabgesetzt. Dieser Wert gilt in den meisten EU-Mitgliedstaaten, lediglich in der Slowakei muss Hanf komplett THC-frei sein. Österreich, Tschechien und Luxemburg erlauben weiterhin 0,3 Prozent, Italien sogar 0,6 Prozent und die Schweiz 1,0 Prozent THC-Gehalt.

Entsprechend einem Gesetzesentwurf vom Juni 2022 soll künftig jeder volljährige Luxemburger das Recht haben, vier Cannabispflanzen – ohne eine Vorgabe des maximalen THC-Gehalts – anzubauen. Diese Pflanzen sollen im öffentlichen Raum aber nicht sichtbar sein und nur in privater Umgebung konsumiert werden dürfen. Das Großherzogtum plant zudem die Schaffung einer nationalen Produktions- und Handelskette unter staatlicher Kontrolle und Qualitätsgarantie für Cannabisprodukte.

HANF IN ÖSTERREICH

Nach dem De-facto-Anbauverbot kam der Hanfanbau in Europa ab 1969 zum Erliegen, Österreich hat den Hanf-Anbau bereits 1963 untersagt. 1991 führte die Universität für Bodenkultur in Wien wieder Versuche zum landwirtschaftlichen Hanfanbau durch. Erst mit dem Beitritt zur Europäischen Union 1995 wurden in Österreich einige THC-arme Nutzhanfsorten zugelassen. Aber für den Hanfanbau gilt seit 1997 weiterhin das Suchtmittelgesetz – ausgenommen davon sind lediglich Sorten mit weniger als 0,3 Prozent THC.

Pioniere begannen Mitte der 1990er Jahre auf 160 Hektar (österreichweit) Hanf anzubauen, zuerst nur als Windschutz für Zuckerrüben-Vermehrungsanlagen, um deren Fremdbestäubung zu vermeiden. Durch relativ hohe EU-Förderungen stieg der Hanfanbau bis 1999 beständig, ist danach aber drastisch eingebrochen. In den Prohibitionsjahrzehnten ging sehr viel Wissen über Hanf verloren, das es jetzt wiederzuentdecken und weiterzuentwickeln gilt. Momentan gilt Hanfanbau noch als Nischenproduktion, obwohl sich die Anbaufläche in den letzten Jahren vervielfacht hat.

Durch Züchtungen mit niedrigerem THC-Gehalt und geänderte gesetzliche Bestimmungen sowie die Suche nach Pflanzen mit großem Nutzen und geringen Ansprüchen setzte ein Aufschwung ein. In der Folge etablierten sich spezialisierte Unternehmen, wie Hanfland (seit 2006) und Hanfwelt, und es kam zur Gründung von Erzeugergemeinschaften. Dass ab 2014 die Firma „Capatect“ Hanfstroh in Dämmmatten einsetzt, begünstigte ebenfalls den Anstieg der Hanfflächen. Die Anbaufläche stieg von 364 Hektar im Jahr 2003 auf 2.142 Hektar im Jahr 2020, ist seither aber wieder gesunken und lag 2022 bei rund 1.400 Hektar.

Der ersten Aufbruchsstimmung folgte die Ernüchterung: Einerseits verleideten (und verleiden) verschärfte bürokratische Hürden vielen Bauern den Hanfanbau. Andererseits sind die Pflanzenzucht und noch mehr die Landtechnik immer noch stark verbesserungsbedürftig. Vor allem durch die anfänglichen Probleme bei der Erntetechnik stiegen viele Landwirte bald wieder aus dem Hanfanbau aus.

Neben rechtlichen Einschränkungen, Problemen mit wenig vorhandenem Wissen über den Anbau und der schwierigen Mechanisierung der Erntetechnik wirken sich vor allem mangelnde Vermarktungsmöglichkeiten stark dämpfend auf den Anbau aus. So brach allein wegen des Konkurses der hanfstrohverarbeitenden Firma „BioNova“ die Anbauflächen in Österreich 2022 um mehr als die Hälfte ein.

Die heimischen Hanfbauern sind klein strukturiert. Der durchschnittliche österreichische Hanfbauer hat rund vier Hektar Hanf. Lediglich ein Großbetrieb im Burgenland sticht mit 180 Hektar Anbaufläche im Jahr 2001 hervor – er wurde von der BioNova-Pleite besonders hart getroffen.

In den letzten Jahren kam es zu einer Verschiebung hin zu Bio-Hanf. Haben anfangs rund zwei Drittel der Hanfbauern konventionell gewirtschaftet, beträgt der Anteil der Biobetriebe nunmehr 80 Prozent der Betriebe bzw. 90 Prozent der Anbaufläche.

INFO!

Bereits etwa 1.800 österreichische Betriebe haben sich als Hanfbauern versucht, manche bauen seit über 20 Jahren durchgehend Hanf an. Eine präzise Aussage, wie viele Hanfbauern es in Österreich gibt, lässt sich aufgrund der unterschiedlichen Erhebungskriterien nicht treffen. Laut der INVEKOS-Datenbank stieg die Anzahl der Betriebe von rund 130 im Jahr 2000 auf über 450 (2020) und lag 2022 bei 333 Betrieben. Das sind 0,3 Prozent der land- und forstwirtschaftlichen Betriebe Österreichs – Hanfanbau ist eine Nischenkultur.

In Österreich wird Hanf überwiegend zur Ölgewinnung angebaut. 2021 wurden 1.696 Hektar für Hanf zur Ölgewinnung genutzt (Tabelle 1). Vor allem im Osten und Südosten Österreichs wird Hanf wirtschaftlich erfolgreich angebaut. Das Hauptanbaugebiet ist Niederösterreich mit 965 Hektar oder 72 Prozent, mit deutlichem Abstand gefolgt von Oberösterreich (193 ha, 14 %), dem Burgenland (72 ha, 5 %), der Steiermark (64 ha, 5 %) und Kärnten (30 ha, 2 %). Aber in allen Bundesländern, auch rund um den Bodensee, einem Zentrum der Textilindustrie bis in das 20. Jahrhundert, wächst Hanf. Am Mieminger Plateau gedeiht „Tiroler Berghanf". Hanf wird hierzulande vorwiegend auf kargeren Böden angebaut, auf ertragreicheren Böden sind andere Marktfrüchte rentabler.

Nachdem in der INVEKOS-Statistik nur der Feldanbau erfasst ist, der im Bundesland Wien praktisch nicht vorkommt, sind hier die aufgrund der zunehmenden CBD-Nachfrage immer zahlreicheren Wiener Betriebe mit Hallenanbau nicht erfasst.

Tabelle 1: Anbaufläche in Hektar in Österreich in den Jahren 2020 und 2021

Nutzungsart	2020	2021	%
Ölhanf	1.949 ha	1.696 ha	90
Faserhanf	217 ha	188 ha	10
Summe	2.166 ha	1.884 ha	100

Quelle: Agrarmarketing Austria

Allgemeine rechtliche Hinweise

Der Grenzwert für Hanf, der in der Lebensmittelerzeugung verwendet wird, liegt in Österreich bei maximal 0,3 Prozent THC in der trockenen Probe. Dieser Hanf fällt somit nicht unter das Suchtmittelgesetz. Die Untersuchung auf den THC-Gehalt während des Anbaus erfolgt am Ende der Blütezeit, weil die Hanfpflanze zu diesem Zeitpunkt am meisten THC produziert hat.

In Österreich dürfen Nutzhanfsorten aus dem EU-Sortenkatalog angebaut werden, wenn ihr THC- Gehalt unter 0,3 Prozent liegt. Von diesen Pflanzen können Fasern, Samen und Blätter geerntet werden ohne unter das Suchtmittelgesetz zu fallen. Werden sie aber in der Kosmetik oder in Lebensmitteln eingesetzt, gilt ein Grenzwert von 0,2 Prozent THC. Der Anbau von Cannabis zur Herstellung von Arzneimitteln ist verboten.

Der Cannabis-Anbau zur Suchtgift- und Arzneimittelerzeugung sowie damit verbundene wissenschaftliche Zwecke ist ebenso wie die Sorten- und Pflanzenprüfung nur der Agentur für Gesundheit und Ernährungssicherheit (AGES) gestattet. Sie produziert rund 90 Kilogramm Cannabisblüten pro Jahr.

Gemäß § 6 Suchtmittelgesetz (SMG) darf nur die Österreichische Agentur für Gesundheit und Ernährungssicherheit GmbH (AGES) oder eine zu diesem Zweck gegründete Tochtergesellschaft Pflanzen der Gattung *Cannabis* zur Gewinnung von Suchtgift für die Herstellung von Arzneimitteln sowie damit verbundene wissenschaftliche Zwecke sowie die Prüfung von Sorten, Saatgut, Kultivaren, Linien, Pflanzen und Pflanzenteilen anbauen. Die AGES darf die Cannabispflanzen nach Ernte und Trocknung oder das daraus gewonnene Cannabis nur an Gewerbetreibende mit einer Berechtigung zur Herstellung von Arzneimitteln und Giften und zum Großhandel mit Arzneimitteln und Giften gem. § 94 Z 32 GewO abgeben.

Hinweise für Fördernehmer

Die von der EU vorgegebene Mindestsaatstärke beträgt 20 Kilogramm pro Hektar. Werden mehrere Sorten am Betrieb angebaut, muss jeweils ein eigener Schlag angelegt werden. Der Sackanhänger muss nicht nur für Kontrollen aufbewahrt, sondern auch beim Mehrfachantrag hochgeladen werden.

Es darf ausschließlich zertifiziertes Hanfsaatgut ausgesät werden. Als Nachweis sind Kopien der Originaletiketten und des Rechnungsbeleges im Mehrfachantrag Flächen unter dem Beleg-Typ „Hanf-Saatgutetiketten“ hochzuladen, die Aussaat erfolgt nach dem 15. Mai bis spätestens 30. Juni des Antragjahres. Werden Setzlinge verwendet, muss zusätzlich eine Rechnung über den Erwerb von aus Originalsaatgut gezogenen Setzlingen hochgeladen werden.

Weiters muss bei Schlagnutzungart Hanf die Sorte und die ausgebrachte Saatgutmenge in Kilogramm pro Hektar in einer Feldstückliste erfasst werden. Erfolgt der Anbau mittels Einkornsaat, Setzlingen oder Stecklingen muss dies in der Feldstückliste angeben werden. Werden Hanfstecklinge verwendet, ist die Fläche für Direktzahlungen nicht ausgleichsfähig.

Je zugelassener Sorte muss in den Angaben die gesamte verwendete Hanfsaatgutmenge angegeben werden. Verwenden mehrere Landwirte eine Saatgutpackung zusammen, hat jeder Landwirt die jeweils von ihm verwendete Menge der Packung zu erfassen und eine Erklärung über die Aufteilung gemeinsam mit den Etiketten hochzuladen.

Die Originaletiketten müssen für die ganze ausgesäte Saatgutmenge am Betrieb aufbewahrt werden und auf Anfrage der AMA übermittelt werden. Eine Neuanlage bzw. ein Löschen der Schlagnutzungsart Hanf in der Feldstückliste ist bis spätestens 9. Juni des Antragjahres durchzuführen.

Die ausgesäte Menge muss dem Pflanzenbestand entsprechen. Werden mindestens 20 Kilogramm pro Hektar gesät, wird davon ausgegangen, dass ausschließlich zertifiziertes Saatgut verwendet wurde.

Hanf darf nicht vor Ablauf von zehn Tagen nach Blühende geerntet werden, außer, wenn auf der betroffenen Fläche bereits eine Hanfprobenahme von der Agrarmarkt Austria (AMA) durchgeführt wurde. Eine Ernte oder ein Umbruch vor Ablauf von zehn Tagen nach Blühende ist nur auf Anfrage (gap@ama.gv.at) und nach schriftlicher Genehmigung durch die AMA zulässig.

Warum ist der Blühbeginn wichtig? Durch die Meldung des Blühbeginns wird der ideale Zeitraum für eine Probeentnahme des Hanfbestandes zur Bestimmung des THC-Gehalts ermittelt, ist er doch während der weiblichen Vollblüte am höchsten.

Im Winter 2022/23 wurde von der österreichischen Bundesregierung neben einem pauschalen Zuschuss für Betriebe

Der Hanfanbau hat stark zugenommen, weltweit und in Österreich. Foto: Hanfland

mit Flächen- und Tierbezug auch ein verbrauchsabhängiger, erhöhter Stromkostenzuschuss für die Produktion landwirtschaftlicher Erzeugnisse in Innenräumen mit Einsatz elektrisch betriebener Anlagen gewährt, und dabei die Hanf-Produktion ausdrücklich erwähnt.

Nicht-staatliche Fördergeber

Der Steirer Max Haidinger unterstützt Hanfbauern aus Österreich und trägt mit seinem Unternehmen CO2 EA dadurch zum Klimaschutz bei. Er handelt mit CO_2-Zertifikaten auf Basis des Anbaus von Nutzhanf. Ein Zertifikat steht dabei für eine Tonne Kohlendioxid (CO_2). Nutzhanf hat im Gegensatz zu Aufforstungsprojekten den Vorteil, dass die einjährige Pflanze pro Jahr bis zu vier Meter wächst und dadurch enorme Mengen an CO_2 aus der Atmosphäre bindet.

Die Zertifikate bietet Max Haidinger Unternehmen an, deren CO_2-Bilanz stark negativ ausfällt oder für die es sehr schwierig bis unmöglich ist, CO_2-Emissionen bei gewissen Leistungen zu vermeiden.

Die Einnahmen aus den CEA-Zertifikaten fließen in den CO2 EA-Nutzhanf-Förderungstopf. Da können Landwirte eine Förderung für den Anbau von Nutzhanf beantragen. Ein Hektar Nutzhanf bindet in Österreich je nach Art, Wetter und Bodenbeschaffenheit zwischen zehn und 18 Tonnen CO_2 pro Jahr. Somit konnten Landwirte im Jahr 2024 bis zu 234 Euro Förderung pro Hektar für den Anbau von Nutzhanf erhalten. Haidinger sagt: „Landwirte müssen nur nachweisen können, dass die Fläche größer als 5.000 Quadratmeter ist, sowie auch den Standort der Fläche in Österreich und die EU-Saatgutzertifizierung. Dafür gibt es auf der Webseite www.nutzhanf-foerderung.at das Antragsformular." Er bedauert, dass er aktuell noch keine Kooperationen mit Hanfbauern in Deutschland eingehen kann.

Unternehmen haben den Vorteil, dass sie ihre unvermeidbaren Kohlenstoffdioxid-Emissionen über die Projekte der CO2 EA ausgleichen können und somit den Nutzhanfanbau direkt fördern.

Das Konzept von CO2 EA sieht auch vor, den Hanf in den regionalen Wirtschaftskreislauf einzubinden (z. B. in der Baubranche). Der Hanf sollte gänzlich verwertet und veredelt werden. Samen und Blätter dienen als Lebensmittel, Stängel als Baumaterial – dadurch wird der Kohlenstoff langfristig gebunden. Aus den Stängeln können Ziegel, Dämmungen und Acoustic Platten entstehen, die im besten Fall wieder bei Projekten von Kunden der CO2 EA eingebunden werden.

Unternehmensgründer Max Haidinger vergibt Förderungen für den Anbau von Nutzhanf an österreichische Landwirte. Foto: CO2 EA GmbH

HANF IN DEUTSCHLAND

Von 1929 bis 1996 war – mit Ausnahme der Kriegsjahre – der Anbau von Hanf in Deutschland komplett verboten. Seit 1996 dürfen zugelassene THC-arme Nutzhanfsorten und seit 2017 auch Medizinalhanf wieder angebaut und auf Rezept verkauft werden. Bauern dürfen nun wieder Hanf säen und ernten, müssen ihre Anbauflächen aber den Bundesländern und der Bundesanstalt für Ernährung und Landwirtschaft (BLE) melden. Wollen andere Unternehmen oder Personen Hanf anbauen, müssen sie den Anbau beim Bundesamt für Arzneimittel und Medizinprodukte (Bundesopiumstelle) beantragen. Eine Genehmigung wird nur erteilt, wenn der Anbau wissenschaftlichen oder anderen im öffentlichen Interesse liegenden Zwecken dient.

Per 1. April 2024 wurde Cannabis im Betäubungsmittelgesetz von der Liste der verbotenen Substanzen gestrichen. Das bedeutet, dass es unter gewissen Voraussetzungen legal ist, THC-haltiges Cannabis anzubauen und zu konsumieren. Ab 18 Jahren ist der Besitz von 25 Gramm getrocknetem Cannabis für den Eigenkonsum außerhalb der eigenen Wohnung erlaubt. Zu Hause dürfen bis zu 50 Gramm aufbewahrt und bis zu drei Cannabis-Pflanzen angebaut werden. Legal ist jedoch nur der Eigenkonsum, jede Weitergabe an Dritte ist strafbar.

Als Nutzhanf sind nur Sorten mit weniger als 0,2 Prozent THC zulässig. Die Hanfernte darf erst nach einer Freigabe durch die BLE beginnen, nachdem das Erntegut auf seinen THC-Gehalt untersucht wurde.

Auch in Deutschland kam es mit dem Ende des Anbauverbots so wie in Österreich – von einem niedrigen Niveau ausgehend – zu einer starken Ausweitung der Anbaufächen. Nach der ersten Euphorie brach der Anbau ein, sank bis 2012 auf unter 500 Hektar und hat sich im letzten Jahrzehnt vervielfacht.

In Deutschland wurden nach Angaben der Bundesanstalt für Landwirtschaft und Ernährung (BLE) im Jahre 2022 von 889 landwirtschaftlichen Betrieben auf insgesamt 6.943 Hektar Nutzhanf angebaut (Tabelle 2). Dies entspricht einem Zuwachs im Vergleich zum Vorjahr von 26 Betrieben und etwa 500 Hektar. Dabei betrug die durchschnittliche Fläche 7,8 Hektar pro Anbaubetrieb. Ein Großteil der deutschen Hanfbauern wirtschaftet biologisch. Die wichtigsten deutschen Anbaugebiete liegen in Niedersachsen, Bayern Sachsen-Anhalt und Mecklenburg-Vorpommern.

Tabelle 2: Anbaufläche und Anzahl anbauender Betriebe von Nutzhanf im Jahr 2022

Bundesland	Anbaufläche in Hektar	Anzahl der Anbauer
Niedersachsen	1.932	215
Bayern	832	214
Sachsen-Anhalt	763	44
Mecklenburg-Vorpommern	700	28
Thüringen	578	32

Fortsetzung Tabelle 2: Anbaufläche und Anzahl anbauender Betriebe von Nutzhanf im Jahr 2022

Bundesland	Anbaufläche in Hektar	Anzahl der Anbauer
Baden-Württemberg	453	118
Brandenburg	452	33
Hessen	376	61
Nordrhein-Westfalen	333	62
Sachsen	230	22
Schleswig-Holstein	182	24
Rheinland-Pfalz	102	28
Saarland	6	5
Hamburg	3	1
Berlin	1	2
Bremen	0	0
Summe	**6.943**	**889**

Quelle: Bundesanstalt für Landwirtschaft und Ernährung (BLE)

Hinweise für Fördernehmer

Im Rahmen des Sammelantrages wird die Basisprämie für beihilfefähige Flächen von den nach Landesrecht zuständigen Stellen gewährt. Der Flächennachweis ist unverzichtbarer Bestandteil des Antrages. Weiters müssen Flächen, auf denen Nutzhanf angebaut wird, angegeben werden.

Welcher Hanf angebaut werden soll, muss über die Saatgutetiketten, die außen am Saatgutgebinde angebracht sind, nachgewiesen werden. Des Weiteren muss zusammen mit dem Sammelantrag eine gesonderte Erklärung über die Aussaatflächen von Nutzhanf abgegeben werden.

Die Anbauanzeige von Nutzhanf muss bis zum 1. Juli direkt an die Bundesanstalt für Landwirtschaft und Ernährung geschickt werden, ebenso wie eine etwaige Anbauanzeige für den Anbau als Zwischenfrucht.

Die amtlichen Saatgutetiketten müssen bei einem Anbau von Nutzhanf mit Basisprämie der zuständigen Landesbehörde vorgelegt werden. Ansonsten, also wenn ein Anbau ohne Basisprämie erfolgt, muss dies bis zum 1. Juli des Anbaujahres an die Bundesanstalt gemacht werden. Erfolgt die Aussaat nach dem 1. Juli, müssen die amtlichen Etiketten bis zum 1. September vorgelegt werden, wenn sie nicht bereits im Rahmen der Regelungen über die Basisprämie der zuständigen Landesbehörde vorgelegt worden sind.

Das Saatgut muss zertifiziert sein. Ein Nachbau ist verboten.

Die Kontrolle des THC-Gehaltes erfolgt durch Probeentnahmen durch die Bundesanstalt für Landwirtschaft und Ernährung. Anbauer, deren Hanfflächen kontrolliert werden, erhalten eine Mitteilung.

Der Landwirt muss der Bundesanstalt den Beginn der Blüte für seine angebauten Flächen mitteilen. Dies gilt auch für den Anbau als Zwischenfrucht, wenn es dort zur Blüte kommt.

Die Abernte des Hanfes darf erst dann erfolgen, wenn der Anbauer entweder ein Freischreiben von der Bundesanstalt erhalten oder die Kontrolle tatsächlich stattgefunden hat.

TIPP!

Die Rechtslage für Hanfanbau und -verwendung in Deutschland ändert sich laufend. Die erforderlichen Formulare und aktuelle Hinweise zum Anbau von Nutzhanf sind auf der Webseite der BLE unter www.ble.de zu finden. Muster und Formblätter können auch bei der Bundesanstalt für Landwirtschaft und Ernährung, Referat 512, Deichmanns Aue 29, 53179 Bonn, nutzhanf@ble.de angefordert werden.

HANF IN DER SCHWEIZ

In der Schweiz ist die landwirtschaftliche Anbaufläche von Hanf noch sehr klein, hat aber in den letzten Jahren sehr zugenommen. So gab es im Jahr 2019 insgesamt 242 Hektar Produktionsfläche. 2018 waren es erst 118 Hektar und 2014 fünf Hektar.

Die Schweiz handhabt den Hanfanbau sehr liberal und unterscheidet je nach agrarischen Eigenschaften und Cannabinoid-Gehalt zwischen Wild-, Land-, Faser-, Zier- und Drogen-Sorten. Mit dem Agrarpaket 2020 wurden alle Bestimmungen im Saatgutrecht für die Produktion und das Inverkehrbringen von Hanfsamen und -pflanzgut per 1. Jänner 2021 aufgehoben. Daher ist Hanf in der Schweiz nicht mehr dem landwirtschaftlichen Saatgutrecht unterstellt. Dadurch ermöglicht das Bundesamt für Landwirtschaft (BLW) die Produktion und das Inverkehrbringen von Saat- und Pflanzgut für die Erzeugung von „CBD-Hanf“ in der Landwirtschaft. Da der Anbau von Hanf durch das BLW nicht reguliert wird, bedarf es auch keiner Anbaubewilligung. Es gibt aber auf kantonaler Ebene die Empfehlung, den zuständigen Behörden jedes Vorhaben im Zusammenhang mit Hanf zu melden.

Der Schweizer Grenzwert liegt bei einem THC-Gehalt von einem Prozent, wobei Öl-, Faser- und CBD-Hanf diesen unterschreiten müssen. Über einem Prozent darf der THC-Wert bei der Verwertung der Blüten für medizinisches und rekreatives (Kiffer-) Cannabis liegen.

Die Sortenverordnung des BLW enthält seit dem 1. Jänner 2021 keinen Sortenkatalog für Hanf mehr. Es bestehen auch keine Einfuhranforderungen in Verbindung mit dem Saatgutrecht mehr. Allerdings ist grundsätzlich für Pflanzgut ein Pflanzenpass bzw. ein Pflanzengesundheitszeugnis bei der Einfuhr aus Drittstaaten erforderlich.

Für das Inverkehrbringen von Pflanzgut zur gewerblichen Nutzung sind die Bestimmungen des Pflanzengesundheitsrechts zu beachten, für die landwirtschaftliche Produktion gelten die Bestimmungen des Direktzahlungsrechts und für den Einsatz von Hanf als Futtermittel die Bestimmungen des Futtermittelrechts.

In der Schweiz gilt ein generelles Verfütterungsverbot von Hanf oder dessen Produkten in jeder Form oder Art für laktierende Tiere, deren Milch zum menschlichen Verzehr bestimmt ist. Hanfsamen und Produkte davon, wie Öl oder Hanfsamenpresskuchen, dürfen an andere Nutztiere oder Pferde verfüttert werden. Hanfextrakt gilt als nicht zugelassener Aromastoff in Futtermitteln und ist so wie in der gesamten EU verboten.

Es gibt keine Direktzahlungen bzw. Förderungen für den Anbau von Hanf.

Der Anbau und die Verwendung von „betäubendem Hanf“ sind im Betäubungsmittelgesetz geregelt und in der Landwirtschaft verboten. Es gibt bereits Bestrebungen, damit Cannabis im Sinne des Betäubungsmittelgesetzes zu bestimmten Zwecken auch in der Landwirtschaft angebaut werden kann.

Will man Cannabis mit einem THC-Gehalt von über einem Prozent für die wissenschaftliche Forschung und Anwendung anbauen, benötigt man keine Ausnahmebewilligung des Bundesamtes für Gesundheit (BAG), sondern eine Bewilligung der SWISSmedic. Klinische Studien zu den gesundheitlichen Auswirkungen des nichtmedizinischen Cannabiskonsums fallen nicht darunter.

Der Anbau von Cannabis außerhalb des medizinischen Bereichs erfordert eine Ausnahmebewilligung des BAG.

Hanf wird bei Landwirtschaftsbetrieben auf dem Flächenformular derzeit unter dem Code 535 erfasst. Die Flächenerfassung erfolgt im Rahmen der Datenerhebung bei Landwirtschaftsbetrieben durch den Kanton.

HANF IN SÜDTIROL

Hanf wurde in Italien schon lange zur Herstellung von Textilien verwendet. Allein in der Region Emiglia Romagna sollen im Jahr 1910 45.000 Hektar Hanf angepflanzt worden sein, in ganz Italien 80.000 Hektar. Ein weiteres wichtiges Zentrum der Hanfpflanze war Carmagnola im Piemont, von wo aus nach Ligurien und Südfrankreich, vor allem nach Marseille, geliefert wurde.

Im Jahr 2016 wurde der Hanfanbau für THC-arme Sorten in Italien vereinfacht, was einen enormen Aufschwung ausgelöst hat. Mit dem Gesetz Nr. 242 vom 21. Dezember 2016 ist der Anbau zugelassen, sofern es sich um Hanfarten handelt, die im gemeinsamen Sortenkatalog für landwirtschaftliche Pflanzenarten gemäß Art. 17 der EU-Richtlinie 2002/53 enthalten sind. Die Hanfarten dürfen nicht den Einschränkungen des nationalen Drogengesetzes unterliegen und der THC-Gehalt muss unter 0,2 Prozent liegen.

Für den Anbau selbst ist keine Lizenz erforderlich. Wie auch in anderen Regionen Europas haben Südtiroler Hanfbauern aber die Carabinieri bzw. Polizei, die Forstwache und die Finanzwache vom Anbau zu informieren. Es besteht eine Meldepflicht des

Anbaus an die nächstgelegene Polizei- oder Carabinieri-Dienststelle oder die nächstgelegene Finanzwache. Weiters erforderlich ist die Handelsregistereintragung und die Meldung an die Agentur für Einnahmen (Agenzia delle entrate, italienische Steuerbehörde). Außerdem müssen die Etiketten der ausgebrachten Hanfsamen sowie die entsprechende Einkaufsrechnung für zumindest zwölf Monate aufbewahrt werden. Die Überwachung erfolgt durch die Forstbehörde.

Liegt der THC-Gehalt zwischen 0,2 und 0,6 Prozent, ist der Anbau erlaubt. Vermarkter dürfen jedoch bei Strafe keine Pflanzen mit einem THC-Gehalt über 0,2 Prozent verarbeiten.

Übersteigt der THC-Gehalt der angebauten Pflanzen 0,6 Prozent kommt es zur Beschlagnahung und Vernichtung. Wenn jedoch ein Vermarkter Produkte verkauft, deren THC-Gehalt 0,6 Prozent übersteigt, handelt es sich um eine Übertretung der Drogenbestimmungen, die mit einer Freiheitsstrafe zwischen sechs und 20 Jahren oder einer Geldstrafe von 26.000 bis 260.000 Euro geahndet wird. Ein Urteil des Höchstgerichts stuft die Vermarktung von leichten Cannabisprodukten außerhalb der gesetzlichen Bestimmungen als leichte Straftat ein.

Der Anbau von THC-armem *Cannabis sativa* ist ausschließlich für Lebensmittel (Mehl und Öl) und Kosmetikaherstellung zugelassen, außerdem für Zwischenprodukte (semilavorati) wie Fasern, Pflanzenteile, Pulver, Hackschnitzel, Öle oder Brennstoffe, für die Lieferung an Industrie- und Handwerksbetriebe (z. B. für Dämmstoffe im Baugewerbe), die Saatgut- und Pflanzenproduktion zum Verkauf als Zierpflanze durch Gärtnereien, aber auch als Gründünger wie für die Reinigung verschmutzter Standorte. Explizit im Gesetz angeführt sind weiters der Anbau für Bildungs- und Demonstrationsaktivitäten sowie für die Forschung durch öffentliche oder private Einrichtungen und die Bioenergie-Nutzung im eigenen Betrieb.

Die Generaldirektion für Lebensmittelhygiene, Lebensmittelsicherheit und Ernährung (DGISAN) legt in einem Schreiben an das Amt für Prävention der Provinz Bozen im Juni 2019 die Bedingungen der Verwendung von Hanf als Lebensmittel fest. Demgemäß dürfen die Samen von *Cannabis sativa* und deren Derivate, wie Hanfsamenmehl und Hanfsamenöl, als Lebensmittel hergestellt und verkauft werden, wenn sie aus Hanfpflanzen stammen, die dem Gesetz entsprechen. Dazu ist eine sanitäre Registrierung (SUAP) erforderlich. Für alle anderen Produkte, wie z. B. Extrakte und Folgeprodukte, die Cannabinoide enthalten (dazu zählt auch CBD), gelten die Bestimmungen für „Novel Food", also neuartige Lebensmittel. Da hier keine Nutzung als Lebensmittel in nennenswertem Umfang vor 1997 nachgewiesen werde konnte, müssen sie vor Inverkehrbringung einer gesundheitlichen Bewertung im Sinne der „Novel Food"-Bestimmung unterzogen werden. Da dies bisher unterblieb, dürfen diese Produkte für den menschlichen Verzehr weder hergestellt noch in Umlauf gebracht werden. Auch andere Pflanzenteile dürfen nicht als Lebensmittel verwendet werden, so z. B. als Tee in getrockneter Form.

INFO!

Entsprechen die Produkte nicht eindeutig den im Gesetz vorgesehenen Zwecken, handelt es sich um eine verbotene Ausdehnung des Anwendungsbereiches des Gesetzes. Das kann auch z. B. durch den effektiven Verwendungszweck (z. B. als Rauchware) oder den verwendeten Pflanzenteil (z. B. Blüten) der Fall sein!

Medizinisch wirksamer Hanf darf in Italien nur vom militärischen Institut für Arzneimittel in Florenz angebaut werden. Es wird gemunkelt, das Militär habe Schwierigkeiten, der hohen Nachfrage nachzukommen.

Cannabis light

Eine bestimmte Cannabis-Sorte mit niedrigem THC-Gehalt und hohem CBD-Gehalt darf in Italien unter dem Namen „Cannabis light" gekauft und verkauft werden. Der THC-Gehalt liegt zwischen 0,2 und 0,6 Prozent. Cannabis light wird meistens in Form von getrockneten Blüten verkauft, die aussehen wie übliche Cannabisblüten und ist besonders bei jungen Menschen beliebt. Durch den niedrigen THC-Gehalt hat es keine psychodelische Wirkung. Da das Gesetz von 2016 zwar die Verwendung der Hanfpflanze regelte, jedoch auf die Blüten vergaß, begannen Hersteller aus dieser Lücke Profit zu machen. Derzeit verkaufen über 500 Geschäfte in Italien dieses Produkt. Allerdings darf dieser „Leicht-Hanf" nur als „Sammlerstück" verkauft werden und nur für „technische Zwecke" genutzt werden.

Amalia Wallnöfer – die Südtiroler Hanfpionierin

Amalia Wallnöfer baut in Lichtenberg bei Prad im oberen Vinschgau seit 2014 jährlich zwischen ein und zwei Hektar Bio-Hanf an. Das erste Saatgut bezog sie von der Sozialgemeinschaft EcoPassion aus dem Pustertal.

Wallnöfers Felder liegen auf etwa 900 Metern Seehöhe. Der Anbau erfolgt mal in Dorfnähe, mal in den Mösern. Neben Hanf baut sie auf ihren Flächen auch Roggen, Hafer und Buchweizen an. „Ich wollte nie Hanfpionierin werden. Es hat sich so ergeben", erzählt sie. Anfangs war das mediale Interesse stark. „Die Ernte ist immer noch die größte Herausforderung, denn die festen Fasern belasten die Maschinen", fügt sie hinzu. Inzwischen hat sie sich selbst einen gebrauchten Mähdrescher angeschafft.

Anfangs fuhr Amalia Wallnöfer sogar zum Bodensee, um die Samen pressen zu lassen. Die Ernte verarbeitet sie nun mit ihrer eigenen Presse zu Öl. Den Presskuchen vermahlt sie zu Hanfmehl. Daraus und aus dem eigenen Getreide macht sie Nudel, Cracker und andere Snacks, die sie auf regionalen Märkten verkauft. Einige regionale Pizzerien bieten auch Pizzen mit Wallnöfers Hanfmehl an. „Ich habe nun die Ernte und Verarbeitung selbst in der Hand, was mich wieder ein Stück selbstständiger macht", sagt sie zufrieden.

HANF IN LUXEMBURG

Seit 2018 ist der Anbau von Hanf für medizinische Zwecke in Luxemburg gesetzlich erlaubt. Dabei gibt es aber strenge Auflagen. Spezielle Genehmigungen und Lizenzen müssen beantragt werden, die die Reinheit und Qualität der Hanfprodukte gewährleisten sollen. Patienten, die aus gesundheitlichen Gründen Cannabis-Produkte verschrieben bekommen, dürfen diese auch legal konsumieren.

Ein Gesetzesentwurf aus dem Jahr 2022 geht hingegen noch viel weiter. Demgemäß soll der private Hanfanbau von bis zu vier Pflanzen pro Haushalt von volljährigen luxemburgischen Staatsbürgern erlaubt werden. Der Anbau und der Konsum sollen jedoch nur im privaten Raum erlaubt sein, wobei dabei keine außenstehenden Personen gestört werden dürfen und es nicht sichtbar sein darf.

Auch der Handel mit Hanfsamen soll erlaubt werden, wobei es keine Begrenzung in Bezug auf die Anzahl oder den THC-Gehalt geben soll.

FORSCHUNG

Als „Teufelskraut“ war Hanf seit einem Jahrhundert verteufelt. Aber schon davor hat seine Bedeutung aufgrund pflanzlicher und petrochemischer Alternativen deutlich

Einem Gesetzesentwurf zufolge, könnte der private Anbau von bis zu vier Cannabispflanzen pro Haushalt in Luxemburg bald möglich werden. Foto: Erin Stone/Pixabay

gelitten. Über Hanf wurde kaum geforscht, es wurde nicht weitergezüchtet (mit Ausnahme von Rauschhanf), die Ernte- und Verarbeitungstechnik stand still. Mit der Rehabilitierung dieser alten und vielseitigen Kulturpflanze beginnen sich nun auch Forschung und Industrie mit Hanf verstärkt zu beschäftigen.

In Neuseeland bietet die renommierte Auckland University of Technology einen Master-Studiengang zu medizinischem Cannabis an. Mehrere US-Universitäten forschen an Cannabis Chemistry, also den im medizinischen Bereich nutzbaren chemischen Eigenschaften der Hanfpflanze. Eine Vorreiterrolle nimmt die 2007 gegründete Oaksterdam University in Kalifornien ein. Im deutschen Sprachraum hat sich das bayrische Technologie- und Förderzentrum im Komptenzzentrum für Nachwachsende Rohstoffe mit der stofflichen Nutzung von Hanf beschäftigt.

In Österreich forscht der gebürtige Hanfthaler Dr. Klaus Ofner, der seine Dissertation über Hanf verfasst hat, an der landwirtschaftlichen Fachschule Mistelbach über modernen landwirtschaftlichen Hanfanbau.

Mittlerweile wurden auch bereits mehrere wissenschaftliche Arbeiten über Hanf an der Universität für Bodenkultur verfasst. Am Lehr- und Forschungszentrum Wieselburg wurde in einer Maturaarbeit die mobile Feldentholzung behandelt.

Aber dennoch: Sowohl in der Pflanzenzüchtung als auch in der Landtechnik wäre noch vieles zu optimieren.

Forschungsprojekte in Zusammenhang mit Hanf nehmen zu. Sie beleuchten sowohl die medizinischen Wirkungen der Inhaltsstoffe als auch den Anbau und die Züchtung. Foto: CO2 EA GmbH

HANFPFLANZE

Die Gattung Hanf (*Cannabis* ssp.) gehört zur Familie der Hanfgewächse (Cannabacae), zu der auch Hopfen zählt. Die übergeordnete Ordnung ist die der Rosengewächse (Rosaceae).

Hanf ist in der Natur diploid, das heißt, der Chromosomensatz liegt zweifach im Zellkern vor. Der Chromosomensatz von Hanf besteht aus zehn verschiedenen Chromosomen. Die Chromosomenzahl beträgt 20, davon sind zwei Geschlechtschromosomen. Weibliche Pflanzen haben – wie der Mensch – zwei X-Chromosomen, männliche ein X- und ein Y-Chromosom. Die Pflanzenzüchtung erzeugte auch polyploide Hanflinien mit einem mehrfachen Chromosomensatz im Zellkern. Das Genom des Hanfes wurde am 2011 zum ersten Mal komplett sequenziert und besteht aus 131 Milliarden Basen. Nach Sortierung wird es auf etwa 400 Millionen Basenpaare geschätzt.

Hanf kommt in seiner Wildform als sogenannter Landrassen-Cannabis vor. In der Landwirtschaft werden jedoch züchterisch bearbeitete Kultursorten angebaut. So konnte etwa der Faseranteil bestimmter Hanfsorten von ursprünglich knapp zehn Prozent auf fast 40 Prozent gesteigert werden. In der Rauschhanfzüchtung wurde dagegen (erfolgreich) versucht, die Zeit bis zur Reifung der weiblichen Blütenstände zu verkürzen und die Samenbildung zu unterdrücken. Züchterische Fortschritte wurden in den letzten Jahrzehnten hauptsächlich im Bereich des Rauschhanfes erzielt. Das geschah und geschieht meist auf illegale Weise, vorwiegend im Innenanbau. Die Vermehrung der Pflanzen durch Samen wäre hier zu aufwendig, daher werden Stecklinge bevorzugt. Diese werden in lauwarmen Wasser angewurzelt und erst dann in Erde eingetopft. *Cannabis sativa* wird aber auch auf vier Wochen alte Hopfensämlinge aufgepfropft.

Hanf ist eine krautige Pflanze, üblicherweise einjährig und monokarp. Das bedeutet, sie blüht nur einmal in ihrem Leben und stirbt nach dem ersten Samentragen ab. Die Vegetationsperiode dauert 90 bis 105 Tage. Hanfpflanzen werden zwischen einem und fünf Meter hoch.

Hanf ist an sich von Natur aus zweihäusig getrenntgeschlechtig (diözisch), was bedeutet, dass männliche und weibliche Blüten sich auf verschiedenen Pflanzen befinden. Die männliche Pflanze, der sogenannte Femel, reift früher und wächst etwa 50 Zentimeter höher als die weibliche

Pflanze. Das führt zu einer uneinheitlichen Qualität des Ernteguts. Femelhanfpflanzen wachsen eher locker und verästelt. Die weibliche Pflanze wird Hanfhenne genannt. Sie hat einen kompakten, gedrungenen Fruchtstand.

Zweihäusige Bestände müssen in oder kurz nach der männlichen Blüte geerntet werden und haben im Schnitt nur 50 bis 70 Prozent samentragende Pflanzen. Zur leichteren Ernte wurden einhäusige (monözische) Sorten gezüchtet.

INFO! Bräuche

Bereits 1894 berichtet der Hettinger Volkskundler Prof. Emil Schmitt zur badischen Volkskunde über den Brauch des Johannisfeuers am 24. Juni: „Johannistag. An diesem Tage wird bei einbrechender Dunkelheit von den Jungen des oberen und unteren Dorfes je ein Feuer auf der Höhe angezündet, das sogenannte Khanschför (Johannisfeuer). Das Holz dazu wird gerne gegeben. Je höher die Flamme, desto größer die Freude und der Jubel der Knaben, die mit Stangen durch das Feuer hindurch springen. So hoch die Flamme schlägt, so hoch wird in diesem Jahre der Hanf."

WURZEL

Das Wurzelsystem der Hanfpflanze besteht aus einer gut entwickelten Primärwurzel und vielen Seitenwurzeln. Sie ist ein tiefwurzelnder Pfahlwurzler mit einer 30 bis 40 Zentimeter langen spindelförmigen, stark verholzten Wurzel. Die teilweise sehr kräftigen, stark verzweigten Seitenwurzeln können bis zu zweieinhalb Meter Länge erreichen und auch entsprechend weit in die Tiefe wachsen. So kann Hanf auch Nährstoffe aus tieferen Bodenschichten holen.

In Mineralböden bildet Hanf eine dicke Pfahlwurzel, in Moorböden entwickelt er eine flache, stark verzweigte Wurzel. Hanf schließt somit auch Nährstoffe auch tiefen Bodenschichten auf und eignet sich sehr gut zur Bodenauflockerung und -verbesserung – und damit für den Zwischenfruchtanbau. Durch seine langen Pfahlwurzeln schafft er eine lockere Bodenstruktur für die Folgekultur, wie z. B. Mais.

STÄNGEL

Der Hanfstängel ist viereckig und kann – abhängig von Sorte, Bestandsdichte, Standort und Nährstoff- und Wasserversorgung – bis zu fünf Meter hoch werden. Daher wird Hanf im Szene-Jargon auch „Marihuana-Baum" genannt. Der aufrechte, gerillte, kantige und rauhaarige Stängel wird 6 bis 60 mm stark, trägt raue Haare und Drüsen und verholzt im Alter. Um den Holzteil in der Mitte des Stängel befindet sich der Bastteil, in dem ein- bis zweireihig 15 bis 35 zellulosereiche Primärfasern (Langfasern mit 5 bis 55 mm) wachsen. Später werden auch noch Sekundärfasern (Kurzfasern mit 2 mm) gebildet, die aber nur halb so lang und minderwertiger sind.

Je mehr Platz eine Pflanze hat, desto mehr Licht, Wasser und Nährstoffe bekommt sie und bildet eine starke Verzweigung und Höhe. Durch hohe Bestandsdichten kann man die Verzweigung im Faserhanf vermeiden. Das Gewicht des Stängels an der ganzen Biomasse der Pflanze beträgt ca. 65 bis 70 Prozent.

Das Verhältnis von Lang- zu Kurzfasern wird bestimmt von der Sorte, den Anbaubedingungen und der Lage der Fasern im Stängel. In der Stängelmitte sind sowohl Fasergehalt als auch -festigkeit am höchsten. Der Gesamtfasergehalt beträgt ja nach Hanfsorte zwischen 20 und 35 Prozent des Gesamtstängelgewichts. Aus zehn Tonnen trockenem Hanfstroh können somit 2 bis 3,5 Tonnen Hanffasern gewonnen werden.

Der Stängel der Hanfpflanze ist aufrecht, gerillt, kantig und rauhaarig. Foto: Riemelmoser

BLATT

Die Keimblätter sind zunächst oval, gegenständig und unterschiedlich groß. Die Laubblätter sind langstielig, handförmig mit tiefen Fingern, ihr Rand ist stark gesägt. An der Oberseite sind sie dunkelgrün, an der Unterseite blassgrün. Die je nach Genetik und Umweltbedingungen üblicherweise fünf bis neun lanzettartigen Blattfinger werden sieben bis 15 Zentimeter lang und einen halben bis eineinhalb Zentimeter breit. Die Anzahl der Blättchen an einem Blatt schwankt: Die ersten Blattpaare haben gewöhnlich nur ein Blättchen, nachfolgende können bis zu 13 haben. Zur endständigen Blüte hin nimmt die Blättchenzahl wieder bis auf ein Einzelblättchen ab. Die Blätter sind im unteren Bereich vorwiegend gegenständig

Hanf ist eine auffällige Pflanze mit wechselständigen, gefingerten Laubblättern mit gesägten Rändern auf einem kurzen Blattstiel.
Foto: Marley Nuggz/Pixabay

Die Blätter der drei Hanfarten

Grafik: freepick.com/olgapotysieva

und werden zur Blüte hin wechselständig, die oberen Blätter sind von Jugend an bereits wechselständig. Auf beiden Blattseiten befinden sich oberflächliche Haare und Drüsen. In geringerem Ausmaß sind somit Cannabinoide auch in den Blättern und sogar den Stängeln der Pflanze vorhanden.

Hanfblätter sind zusammengesetzt, d. h. sie bestehen aus mehreren Blattfingern. Einfache Blätter hingegen wachsen einzeln aus dem Stiel und sind eher eher kreuzgegenständig (gegenüberliegend) als wechselständig angeordnet.

Die unterschiedlichen Hanfarten haben auch verschiedene Blätterformen. Die Blätter von *Cannabis satvia* sind lang und schlank und haben ausgeprägte Zacken. Die Farbe ist von hell- über limettengrün bis zu schwarzgrün. Die größten Blätter haben oft bis zu dreizehn Finger. Die Blätter von *Cannabis indica* hingegen sind breiter. Die größten haben nur etwa sieben bis neun Finger. Die Farbe der Blätter ist olivgrün. *Cannabis ruderalis*-Blätter sind meist kleiner, da auch die Pflanze kleiner ist. Die größten Blätter haben fünf bis dreizehn Finger.

BLÜTE

Die Hanf-Blüten sind so wie die Pflanze selbst diözisch, das heißt: männliche und weibliche Blüten wachsen in der Regel auf unterschiedlichen Pflanzen. Allerdings kommen auch monözische Pflanzen vor. Die Blütenstände sind eher klein und befinden sich in den Achseln der oberen Laubblätter.

Die männlichen Blüten haben jeweils fünf hängende Staub- und Hüllblätter. Die männlichen Blüten sind lose in nickenden Rispen angeordnet, sie werden von lanzettförmigen, gelbgrünen Kelchblättern umhüllt. Die Staubfäden ragen einen Millimeter aus der Blüte heraus.

Die weiblichen Blüten sind in ährenförmigen Trauben (Scheinähren) angeordnet. Sie sind grün, ungestielt und von einem behaarten Deckblatt umhüllt, auch wenn die Blüte bereits reif ist. Aus diesem Deckblatt ragen zwei lange Griffeläste heraus. Der

Weiblicher Blütenstand Foto: Karin Ch. Taferner

Männlicher Blütenstand Foto: Hanfland

oberständige Fruchtknoten ist elliptisch, hat zwei Narbenäste und einen behaarten Kelch. Vor allem die Knospen der weiblichen Pflanze sind von einem dünnen Harzfilm überzogen, der bis zu 20 Prozent des Gesamtgewichts ausmacht. In ihm befinden sich neben den rund 60 bekannten Cannabinoiden hunderte weitere, sowie dutzende Terpenphenole.

Die Verwendung von Hanfblüten in Lebensmitteln ist aufgrund des zu erwartend hohen Cannabinoid-Gehalts grundsätzlich nicht zulässig, lediglich bestimmte Aromen dürfen verwendet werden. Im Harz befindet sich eine Vielzahl an ätherischen Ölen. Zu diesen gehören Caryophyllen, Limonen, Humulen, Farnesen, Selinen und Phellandren, die aber keine psychoaktive Wirkung zeigen.

Hanf ist eine **Kurztagspflanze**, die während des langen Tages vegetative Pflanzenmasse aufbaut und im Kurztag die Blüten bildet. Das bedeutet, dass die Kultur erst dann, wenn die Tage kürzer werden, in die vegetative Phase übergeht. In Österreich und Süddeutschland ist das ab Mitte September, in Norddeutschland hingegen erst ab Anfang Oktober.

Der Beginn der vegetativen Kurztagsphase ist aber auch stark vom Ursprungsbreitengrad der Sorte abhängig. Sorten, die ursprünglich aus einer nördlichen Region stammen, beginnen im Süden früher zu blühen und umgekehrt. Will man die vegetative Phase verlängern, bietet es sich an, für die Fasernutzung Sorten aus dem Süden, wie z. B. „Kompolti“, im Norden auszusäen. So entstehen höhere Stängelerträge, allerdings reifen die Samen nicht mehr aus. Daher werden diese Samen für die Gewinnung von Biomasse und Blüten angebaut.

Hanf ist ein **Windbestäuber** und daher nicht auf Bienen und Insekten angewiesen. Die männliche Blüte produziert sehr viele Pollen, die dann die weibliche Pflanze durch den Wind erreichen. Diese Pollen sind übrigens eine willkommene Proteinquelle für die Bienen, da in der Zeit der Hanfblüte im Spätsommer viele andere Kulturpflanzen, die den Bienen sonst als Nahrungsquelle dienen, nicht mehr in Blüte sind.

Frucht

Die Früchte sind Achänen, also einsamige Schließfrüchte. Es handelt sich deshalb bei Hanfsamen botanisch gesehen um Nüsse, da Hanfsamen aus dem einsamigen Fruchtknoten entstehen. Sie bilden sich aus einem unterständigen Fruchtknoten, wobei Fruchtwand und Samenschale zwar enganliegend fest verbunden, aber nicht verwachsen sind.

Die ellipsenförmigen Hanfnüsse sind drei bis vier Millimeter groß, braun-grün-grau und haben eine Tausendkornmasse je nach Sorte von 17 bis 23 Gramm. Der Samen besteht aus dem Embryo und einem dünnen Endosperm. Im Embryo sind die Anlagen für die Entwicklung von Keimblättern und der Wurzel. Er enthält daher viele ölhaltige Reservestoffe. Das Endospern ist die Energiequelle für den Keimling und enthält daher viel Stärke.

Die Samen enthalten 28 bis 35 Prozent Fett, 30 bis 35 Prozent Kohlenhydrate, 20 bis 24 Prozent Proteine sowie Vitamin E, Kalzium, Magnesium, Kalium und Eisen. Hanfsamen haben einen besonders hohen Anteil an Vitamin B, speziell Vitamin B1 und Vitamin B2. Die Proteine bestehen hauptsächlich aus dem leicht verdaulichen Speicherprotein Edestin, der niedrige Lysinanteil schränkt allerdings dessen Proteinwertigkeit ein. Die Samen enthalten alle für den menschlichen Körper essentiellen

INFO! Hanf rettet Bienen

Forscher der Universität von Colorado entdeckten auf den Hanffeldern im dortigen US-Bundestaat 23 verschiedene Bienenarten. Am stärksten vertreten war mit 30 Prozent die Honigbiene (*Apis mellifera*), gefolgt von *Melissodes bimaculata* (25 %) und *Peponapsis pruinosa* (16 %), zwei Bienenarten, die nur in Nordamerika vorkommen – und das, obwohl Hanfblüten Bienen weder mit bunten Farben noch Düften anlocken und Bienen auch für die in Hanf enthaltenen psychoaktiven Substanzen keine Rezeptoren haben.

Eine weitere Studie der Cornell University kommt zum selben Schluss. Im Bundesstaat New York wurden elf Hanffelder von unterschiedlicher Größe auf ihre Bienenpopulation untersucht. Es wurden dort insgesamt 16 verschiedene Arten gezählt. Auch hier war die Honigbiene mit 60 Prozent am stärksten vertreten. Die Forscher fanden einen Zusammenhang zwischen der Größe und dem Alter der Hanfpflanzen und der Anzahl der Bienen. Auf den großen männlichen Pflanzen fanden sich die meisten Bienen. An zwei Meter hohen Hanfpflanzen befanden sich 17-mal mehr als an den kleineren Gewächsen. Das ist ein großer Vorteil, da Hanfsorten, deren Stängel für Textilindustrie, Biokraftstoffe oder andere Produkte verwendet werden, umso wertvoller sind, je länger ihre Fasern bzw. die Pflanzen sind. Daher sind diese Sorten möglicherweise am besten geeignet, zugleich auch die Bienenpopulationen zu stärken.

Aminosäuren und sind als Proteinquelle für die menschliche Ernährung gut geeignet. Hanfsamen enthalten keine Cannabinoide, sind also nicht berauschend.

Hanfsamen verlieren ihre Keimfähigkeit schnell. Im ersten Erntejahr beträgt sie 95 Prozent, fällt jedoch im Folgejahr bereits auf 80 Prozent. Nach zwei Jahren ist Hanf nicht mehr aussaatfähig. Dabei spielen auch die Lagerungsbedingungen eine große Rolle. Bei einer Lagerung bei niedrigen Temperaturen von ein bis zwei Grad Celsius und einer niedrigen relativen Luftfeuchtigkeit kann der schnelle Abbau der Keimfähigkeit verhindert werden.

Harz

Das Harz wird von den Harzdrüsen, die sich an der Oberfläche der weiblichen Blütenhüllblätter befinden, ausgeschieden. Es befindet sich aber auch im Rest der Pflanze. Nur die Samen und die Wurzeln sind völlig frei vom Harz.

Cannabis ist das Harz der Hanfpflanze *Cannabis sativa*. Tetrahydrocannabinol (THC) ist der wichtigste Wirktoff von Cannabis. Aus Cannabis-Harz kann ein öliges Konzentrat gewonnen werden, das THC-Konzentrationen bis 60 Prozent enthält. Außerdem finden sich im Harz verschiedene Zucker, Flavonoide, Alkaloide und Chlorophyll.

STECKBRIEF HANF

- Lateinischer Name: *Cannabis* sp.
- Familie Hanfgewächse (Cannabaceae)
- Ordnung Rosenartige (Rosaceae)
- Formen: Kulturhanf (*C. sativa*), Indischer Hanf (*C. indica*), Wildhanf (*C. ruderalis*)
- Einjährig, krautig
- Wuchshöhe: ein bis fünf Meter, aufrechter Stängel
- Windbestäuber
- Zweigeschlechtlich (diözisch), weibliche Pflanze stärker entwickelt als männliche
- Weibliche Pflanze ist stärker verzweigt, dichter belaubt und reift erst nach der männlichen
- In jeder Blüte nur ein fruchtblattbildender Stempel (monokarp)
- Pfahlwurzler
- Blätter: handförmig, langstielig, wechselseitig, gesägter Rand
- Klima: gemäßigtes Klima
- Kurztagspflanze, hoher Lichtbedarf
- Wasserversorgung: geregelt, daher keine Sand- oder schweren Böden, keine Staunässe, keine Bewässerung erforderlich
- Boden: humos, kalkhaltig, nährstoffreich, neutraler bis leicht basischer pH-Wert
- Anbauzeit: April
- Erntezeit: September
- Verwendete Pflanzenteile: grundsätzlich alle; hauptsächlich aber Samen und Fasern
- Drüsen in der Oberhaut des weiblichen Blütenstandes, sondern gelbbraunes, zäh-klebriges Harz aus, das zu 90 Prozent aus teilweise psychotropen Cannabinoiden besteht
- Wichtigste Inhaltsstoffe: Cannabinoide (vor allem THC und CBD), Terpene, Flavaniode, ungesättigte Fettsäuren (Omega-3-, Omega-6-, Gamma-Linolensäure), Protein, Mineralstoffe, Vitamine

HERKUNFT UND SORTEN

Hanf ist eine sekundäre Kulturpflanze, die von Pflanzen abstammt, die durch den Menschen verbreitet wurden (Anthropochoren). Wie genetische Untersuchungen zeigen, hat Hanf seine größte genetische Vielfalt in Hindustan, einer Region im Norden Indiens, sowie in Afghanistan, in der chinesischen Uiguren-Region, Tadschikistan und dem westlichen Tienschan, einem Gebirgszug, der sich über Teile von Turkmenien, Usbekistan, Kirgisien und Kasachstan erstreckt. Es wird vermutet, dass sich die Kulturformen in verschiedenen Regionen unabhängig voneinander weiterentwickelt haben.

Hanffasern sind rasch nachwachsende Naturfasern, die sowohl in der Papier-, wie auch in der Textilindustrie zum Einsatz kommen. Foto: Riemelmoser

Ursprünglich aus Zentralasien stammend, kam Hanf nach Mesopotamien, über die arabische Halbinsel nach Afrika und über die Seidenstraße in den Mittelmeerraum. Kolumbus brachte ihn schließlich in die Neue Welt. Heute ist Hanf – sowohl als Wildpflanze als auch kultiviert – weltweit in fast allen gemäßigten bis tropischen Zonen zu finden.

Nach Europa kam Hanf nördlich und südlich von Himalaya und Hindukusch, wobei die jeweilige Route einen Unterschied in der Pflanze macht. Die nördlichen Hanftypen sind aufgrund der kürzeren Vegetationsperiode kleiner und bilden viele Samen. Die südlichen Typen wachsen wegen der ausgedehnten Langtage höher und blühen später. Sie bilden viel Biomasse, aber wenig Samen. Somit sind nördliche Hanftypen für Lagen mit kurzer Vegetationsperiode und für den Samenhanfanbau besser geeignet. Spätblühende, südliche Typen eignen sich besser für den Faserhanfanbau.

UR-SORTEN

Die Botanik ist sich wegen der Einteilung der Gattung Cannabis bis heute nicht einig. Manche meinen, es gäbe nur die Art *C. sativa* mit den drei Subspezies *spontanea*, *sativa* und *indica*. Andere unterteilen in die Subspezies *culta*, *spontanea* und *indica*. Wieder andere lassen nur zwei Varietäten von *C. sativa* gelten, nämlich *spontanea* und *sativa*, wobei letztere in Faser-, Samen- und Opiumhanf unterteilt wird. Am gängigsten ist jedoch die Unterteilung in die drei Arten *Cannabis ruderalis*, *Cannabis indica* und *Cannabis sativa* – abgesehen davon, dass es zwischen diesen drei Arten Kreuzungen gibt.

Bei allen Hanfarten haben die weiblichen Pflanzen stärkere Fasern, mehr psychoaktive Wirkstoffe und tragen nur sie Samen.

KULTURHANF – CANNABIS SATIVA

Cannabis sativa wird mitunter unterteilt in Kulturhanf (*Cannabis sativa* var. *sativa*) und Wildhanf (*Cannabis sativa* var. *spontanea*). Kulturhanf wird auch als Nutz- oder Faserhanf bezeichnet. Das zeigt schon, dass dieser Hanf zu Fasergewinnung gezüchtet wurde.

Kulturhanf ist locker verästelt, wenig verzweigt und hochwüchsig. Er erreicht eine Wuchshöhe von zwei bis vier Meter, im Extremfällen über sechs Meter („Marihuana-Baum“). Er zeichnet sich durch lange Internodien (zwischen zwei Blättern liegende Stängelabschnitte) aus. Die Blattfinger sind meist heller sowie deutlich länger und schmaler als beim indischen Hanf (*C. indica*). Seine hellgrauen Nüsse sind glatt, 3,5–5 mm lang und 2,5–4 mm breit (somit größer als die des *C. indica*). Sie fallen kaum ab.

C. sativa ist der Faser- und Ölhanf. Alle landwirtschaftlich genutzten Sorten sind seine Zuchtsorten. Nahrungsmittel, Textilien, Papier und Dämmstoffe werden aus Sativa-Sorten hergestellt, die einen niedrigen THC-Wert, aber lange gerade Stängel aufweisen. Gemein ist allen Rassen, dass sie dieselbe

Anzahl an Chromosomen haben, nämlich 20. Sie können sich daher untereinander kreuzen.

INFO!

Kulturhanf wird geographisch unterschieden in

- Nördlicher Hanf
- Mittelrussischer Hanf
- Südlicher Hanf
- Asiatischer Hanf

Nördlicher Hanf (Borealis Serebr.) hat einen kurzen Stängel (max. 1,5 Meter) und reift früh. Er wird nördlich des 60. Breitengrades in Russland angebaut und ist dort eine der wenigen Faser- und Ölpflanzen. Die bekannteste Sorte ist „Finola", die aus Finnland stammt. Hierzulande wird sie zur Samen- und Ölerzeugung angebaut. Sie wurde als erste Hanfsorte in die Kategorie Ölpflanze 2003 in die EU-Sortenliste aufegnommen.

Mittelrussischer Hanf (Mediruthenica Serebr.) hat einen Stängel mit einer Länge von 1,25 bis zu drei Metern und eine mittlere Vegetationszeit bis zur Samenreife von 90 bis 110 Tagen. Er hat gute Samenerträge, da aufgrund der kurzen Vegetationszeit die Entwicklung in Richtung des generativen Charakters verschoben wurde. Dazu zählen die Sorten „Beniko" aus Polen sowie „Juso" aus Ungarn. Er wird zwischen dem 50. und 60. nördlichen Breitengrad vor allem in Russland, der Ukraine, Polen und früher in Deutschland abgebaut.

Südlicher / mediterraner Hanf (Australis Serebr.) wird in Mittel-, Süd- und Südosteuropa angebaut. Damit er die technische Samenreife erreicht, muss er südlich des 50. Breitengrades angebaut werden, nördlicher wird er nur zur Fasernutzung angebaut. Der mediterrane Hanf hat eine lange Vegetationsperiode von 130 bis 150 Tagen und einen 2,5 bis 4,5 Meter langen Stängel. Er bringt den höchsten Stängelertrag von zehn bis zwölf Tonnen pro Hektar. Hierzu gehören z. B. die Sorten „Uniko B." und „Kompolti" aus Ungarn sowie „Lovrin 110" aus Rumänien.

Asiatischer Hanf (Asiatica Serebr.) hat in Europa keine wirtschaftliche Bedeutung, wird allerdings gerne als Kreuzungspartner für Züchtungen verwendet. Er hat eine Wuchshöhe von 2,5 bis drei Meter und eine Vegetationszeit von 150 bis 180 Tagen.

Bei den Kreuzungen sind vor allem die französischen Hanfsorten bedeutsam, die zum Übergangstyp gehören. Sie wurden durch Kreuzung aus südlichem und mittelrussischem Hanf erzeugt. Typsich für sie ist ihr Doppelnutzungscharakter. Sie haben im Vergleich zum südlichen Hanf einen niedrigeren Stängelertrag, aber höhere Samenerträge. Bekannte Sorten sind „Fedora 17" und „Felina 32".

INFO! Ninjas in Japan

Eine bekannte Geschichte in Japan erzählt davon, wie die Ninjas ihre Sprungkraft verbessern. Zu Beginn seiner Ausbildung sät der Ninja-Schüler Hanf auf seinem Grundstück an und versucht jeden Tag darüber zu springen. Zu Beginn ist das natürlich keine große Herausforderung, aber Hanf wächst schnell und so wird die Sprungkraft der Ninjas auch immer besser. Am Ende der Vegetationsperiode soll der Ninja-Krieger über den drei bis vier Meter hohen Hanf springen können.

WILDHANF – CANNABIS RUDERALIS

Im Jahr 1926 entdeckte der russische Botaniker Dimitri Janischewsky den Wildhanf und nannte ihn *Cannabis ruderalis*. Wissenschaftler stellten immer wieder die Frage: Ist der kleinwüchsige und THC-arme Ruderalis eine eigene Art? Nach gründlichen Untersuchungen von 157 Hanfpflanzen aus allen Teilen der Welt kam der amerikanische Biologe Karl W. Hillig 2005 zum Schluss, dass die Gattung Hanf nur in die beiden Arten *C. sativa* und *C. indica* zu unterteilen sei.

Diese Wildform des Hanfes wächst vor allem in Asien und dort vorzugsweise an ruderalen Standorten, also Kahlflächen. Er wächst aber auch in Siedlungsnähe sehr gut. Wildhanf wird 30 bis 60 Zentimeter hoch und hat meist sieben oder weniger kleine Blätter, im Zentrum lanzettliche Blättchen. Er ist aufrecht, wenig bis gar nicht verzweigt und hat magere Blütenstände am Ende der dünnen Stängel.

C. ruderalis ist frühreif. Seine kleinen, braunen Samen mit einer grünlichen Blütenhülle fallen leicht. Seine Nüsse sind kleiner als die von Kulturhanf. Er ist weder eine gute Faserpflanze, noch enthält er viel THC. Da der Wildhanf gut an das raue Klima und den kurzen Sommer in seiner zentralasiatischen Heimat angepasst ist, wird seine Blüte vom Alter und nicht von der Anzahl an Lichtstunden ausgelöst (sogenanntes Autoflowering). Nach zwei bis vier Wochen Wachstum geht die Pflanze unabhängig vom Lichtzyklus in die Blüte über. Durch diesen chronologischen Blührhythmus unterscheidet sich *C. ruderalis* von den photoperiodischen Arten *C. sativa und C. indica*. Diese Eigenschaft wird von Rauschhanf-Züchtern geschätzt und seit 20 Jahren für die Entwicklung von Hybridsorten wie „Lowrider" (mit 21 Prozent CBD-Gehalt bei weniger als ein Prozent THC) genutzt.

INDISCHER HANF – CANNABIS INDICA

Im Jahr 1785 widersprach der französische Botaniker Jean-Baptiste de Lamarck dem schwedischen Naturforscher Carl von Linné, dem Erfinder der biologischen Taxonomie. Während Linné *C. sativa* 1753 als monotypische Gattung mit nur einem Vertreter ansah, wies Lamarck nach, dass es sich bei *C. indica* um eine eigene Art handelt. Indica unterscheidet sich von Sativa einerseits durch die gedrungene Wuchsform, andererseits durch die berauschenden Inhaltsstoffe.

Indica bleibt eher niedrig und erreicht eine Höhe von 1,2 bis 1,5 Meter, selten wird er über zwei Meter hoch. Er verzweigt sich stark, wirkt buschig und konisch zulaufend. Indischer Hanf ist dadurch für die Fasergewinnung ungeeignet. Die Blätter des Indica sind meist dunkler und kräftiger, seine Finger weniger und die Blüte breiter. Er bringt mit Abstand am meisten Blüten hervor, seine Samen sind kleiner und dunkler als die des Sativa. Weiters zeichnet sich Indica durch eine starke Harzproduktion aus, das zudem einen höheren THC-Gehalt aufweist.

Die zahlreichen Unterarten des Indischen Hanfes stammen aus den Regionen südlich des Himalaya, also aus Indien, Nepal,

Afghanistan und Pakistan. Optisch sind sie kaum zu unterscheiden. Die Sorten des *C. indica* haben einen hohen Anteil psychoaktiver Inhaltstoffe – sie werden vor allem in der Medizin und zum Drogenkonsum verwendet. Alle Indica-Sorten verbindet ihr Rausch, der schläfriger macht und beruhigender wirkt als der des eher anregenden, psychodelisch-wirkenden Sativa, dessen Blüten auch THC enthalten können.

Innerhalb dieser Arten haben seit der Mitte des 20. Jahrhunderts Cannabiszüchter eine Vielzahl von Subspezies und Sorten gezüchtet, bei denen vorwiegend ihre Verwendung als Rauschmittel das vorrangige Ziel war.

WINTERHANF

Der Anbau von Winterhanf hat den Vorteil, dass die Pflanze als Zwischenfrucht keine weitere Fläche benötigt und trotzdem eine Ernte stattfindet. Winterhanf dient der Fasernutzung, denn die Vegetationszeit nach der Aussaat reicht für die Ausbildung langer Triebe, die später für Textilfasern benötigt werden aus, nicht jedoch für die Samenbildung. So gibt es durch den Verkauf der Fasern neben den ökologischen Vorteilen auch eine ökonomische Komponente. Außerdem bieten Winterhanfbestände gute Einstandsmöglichkeiten für Wildtiere und sind auch eine gute Futterquelle für Vögel. Außerdem bindet Faserhanf über den Winter Stickstoff und bewahrt ihn vor der Auswaschung in das Grund- und Oberflächengewässer. Die Bodenbedeckung schützt vor Erosionen, da das zerkleinerte Stroh auf dem Feld verbleibt. Da dieses nicht mit der nachfolgenden Sommerung verwandt ist, können somit auch keine Krankheiten übertragen werden.

Geerntet wird, sobald die Bodenbefahrbarkeit gegeben ist, am besten bei unter 20 Prozent Restfeuchte der Bestände ab Ende Februar bzw. Anfang März. Ähnlich wie bei der Heuernte erfolgt die Ernte durch Mahd bei 15 bis 20 Prozent Stoppelhöhe und wird danach aus dem Schwad heraus sofort in Ballen gepresst und abtransportiert.

Bei günstigen Witterungsbedingungen kann man mit zwei bis zu vier Tonnen Trockenmasse pro Hektar und in trockenen Jahren je nach Standort zwischen 0,6 und 2,5 Tonnen rechnen. Bei Sommerhanf kann man bei doppelter Aussaatmenge mit acht bis zwölf Tonnen pro Hektar rechnen.

Es gibt keine speziellen Züchtungen für den Zwischenfruchtanbau, also etwa als Winterhanf. Da Hanf jedoch eine Kurztagespflanze ist, also beim Übergang von längeren zu kürzeren Tagen mit einsetzender Blüte reagiert und das Längenwachstum einstellt, werden spätreifende Sorten empfohlen.

RAUSCHHANF

Es existiert eine lange Liste an Fachliteratur zu Hanfsorten, bei denen die berauschende Wirkung im Mittelpunkt steht. Beim Rauschhanf handelt es sich, so wie bei der landwirtschaftlichen Nutzpflanze Hanf, um dieselbe Pflanze. Daher sollte ein Hanfbauer auch Grundlegendes über die Rauschpflanze Hanf wissen.

Die aktuell über 2.500 Cannabis-Abwandlungen wurden durchwegs aus traditionellen Sorten gezüchtet und sind entweder reine Sativa-, Indica- oder Hybridzüchtungen. Sie basieren auf in der Growerszene geschätzten Sorten – den „strains" – aus Afghanistan (etwa „Afghani" oder „Hindu Kush"), Südafrika (z. B. „Durban Poison"), Hawaii (wie „MauiWowie"), Kolumbien (etwa das legendäre „Columbian Gold"), Jamaika, Mexiko oder dem Grenzgebiet von Thailand, Laos und Burma (dem sogenannten „Goldenen Dreieck").

Eine bekannte Rauschhanf-Sorte ist „Original Haze". Sie wurde in den 1960er Jahren im kalifornischen Santa Cruz aus verschiedenen asiatischen und lateinamerikanischen Sativa-Sorten gekreuzt und reifte im warmen, trockenen Herbst sehr gut. Dieser Hybrid gilt unter Kiffern als eine der besten Cannabissorten mit elektrisierender, stimmungsaufhellender Wirkung. „Original Haze", wie auch die davon abgeleiteten Sorten, ist ausgesprochen anspruchsvoll, langsam reifend und wenig ertragreich.

Ebenfalls in Kalifornien wurde die Sorte „Skunk #1" gezüchtet. Es handelt sich hier um einen starken Sativa-Indica-Hybriden mit intensivem Rauch. Durch ihren unkomplizierten Anbau und ihre Ertragssicherheit wird diese Sorte vielfach von Kiffern angebaut.

Wie viele Rauschhanf-Sorten stammt auch „Northern Lights" aus den Vereinigten Staaten der 1970er Jahre. Ihr Ursprung dürfte um Seattle liegen, sie wurde aber vor allem in Holland weiterentwickelt. Als Indica-Sorte ist sie schnellwüchsig, harzreich und robust – und somit unter Privatanwendern sehr beliebt.

Daneben existiert eine unüberschaubare Vielzahl weiterer Züchtungen, denen allen eines gemeinsam ist: Sie werden von Kiffern als Rauschmittel gerne angebaut, sind aber für die landwirtschaftliche Nutzung ungeeignet.

ANBAU

TIPP! Einstieg in den Hanfanbau

Hanf ist eine attraktive und zukunftsträchtige Produktionsalternative im Ackerbau. Aus ihm lassen sich eine Vielzahl gefragter Produkte nachhaltig herstellen. Jeder Bauer, der überlegt, Hanf anzubauen, sollte noch vor dem Umstieg folgende Punkte beachten:

- Umfassende Information durch Fachlektüre, gedruckt wie elektronisch
- Erfahrungsaustausch mit langjährigen Hanfbauern
- Sicherstellung der verbindlichen Abnahme des Ernteguts zu einem entsprechenden Erzeugerpreis bzw. eigener Verarbeitungs- und Vermarktungsmöglichkeiten (z. B. Hofladen)
- Klärung der maschinellen Bearbeitungs- und Erntetechnik

Wenn möglich: zuerst versuchsweiser Anbau in kleinem Rahmen auf den bestgeeignetsten Böden
Saatstärke, Aussaatsystem, Bestandsdichte und Erntetermine sind wesentliche Ertragsfaktoren, die vom Bauern beeinflussbar sind.

Hanf ist nicht nur vielseitig, sondern auch anspruchslos und einfach anzubauen. Hanf wächst (fast) überall. Da die Pflanzen bereits nach kurzem Anwachsen den Boden vollständig beschatten, erübrigt sich der Einsatz von Unkrautbekämpfungsmitteln (Herbizide). Hanf zeichnet sich zudem durch eine sehr hohe Schädlingsresistenz aus. Wie bei jeder anderen Kulturpflanze auch, führen ackerbauliche Fehler und ungeeignete Wachstumsbedingungen zu Kümmerwuchs mit mäßigen Samen- und Fasererträgen.

Hanf bewältigt Trockenperioden mithilfe seiner Pfahlwurzel recht gut, da er Wasser aus tiefen Bodenschichten nutzen kann. Er bevorzugt jedoch ein gemäßigtes Klima.

Leerstehende Gebäude könnten sich für einen Innenanbau von Medizinalhanf zur Erzeugung von CBD-Produkten eignen. Der technische Aufwand ist jedoch hoch. Foto: Swiss Hempcare Pfüderi/Pixabay

INNENANBAU

Innenanbau erscheint vielleicht dubios, wird diese Anbauform doch vorzugsweise von diskreten Drogenproduzenten („Indoor-Growern“) geschätzt. Der immense Aufwand lohnt sich auch nicht für Faserproduktion und ähnliches. Innenanbau ist aber durchaus eine geeignete Anbauform für die Erzeugung von Medizinalhanf, der aufgrund der derzeitigen CBD-Welle einen Aufschwung erlebt.

Hanf wird dabei in industriellem Maßstab kultiviert. So betreibt etwa die weltweit tätige Firma „CanAdelaar“ Glashäuser in Graz und Judendorf, die zu den größten in Europa zählen. Innenanbau von Hanf kann aber auch eine Alternative für landwirtschaftliche Gebäude sein. Ein innovativer Landwirt in Wiener Neustadt nutzt seine ehemaligen Schweineställe für Hanfanbau.

FELDANBAU

Grundsätzlich ist Hanf eine sehr widerstandsfähige Pflanze und wächst unter beinahe allen Bedingungen. Allerdings werden bessere Erträge erzielt, wenn die Bodeneigenschaften günstiger sind.

Ansprüche an den Boden

Hanf liebt humose, kalkhaltige, stickstoffreiche, lockere, strukturierte Böden mit geregelter Nährstoffversorgung, guter Wasserführung und neutralem bis leicht basischem pH-Wert. Höhere Temperaturen beschleunigen sein Wachstum.

Hanf gedeiht am besten auf tiefgründiger, lockerer Braunerde, deren Humushorizont jedoch durch einen feinerdereichen Horizont unterlagert ist. Auch Schwarzerde, Pararendzina und Parabraunerde weisen einen für Hanf günstigen **pH-Wert** zwischen sechs und acht auf.

Die Wurzeln können hier zwei bis drei Meter in den Boden eindringen, also wesentlich tiefer als bei vergleichbaren Nutzpflanzen und können so Wasser aus dem Unterboden holen. Eine Bewässerung ist üblicherweise nicht erforderlich. Allerdings bewirkt eine kontinuierliche **Wasserversorgung** in der Vegetationsphase bessere Erträge. In der Phase des raschen Längenwachstums hat Hanf einen größeren Wasserbedarf. Untersuchungen zufolge benötigt Faserhanf in der Vegetationsperiode zumindest 200 bis 300 Millimeter Niederschlag.

Die Pflanze ist vergleichsweise empfindlich bei **Sauerstoff**mangel. Sandböden, schwere Tonböden, staunasse, kalte und schwere Böden sind somit eher ungeeignet. Auf verdichteten Böden gedeiht Hanf nur schlecht, läuft langsam sowie ungleichmäßig auf und kann sich gegen Beikräuter schwer durchsetzen.

Am besten gedeiht Hanf in **Höhenlagen** von 200 bis 500 Meter Seehöhe und einer Bodentemperatur von zehn bis zwölf Grad Celsius. Er bevorzugt ein gemäßigtes Klima, optimalerweise mit Temperaturen zwischen 13 bis 22 Grad. Junge Pflanzen halten aber auch Nachtfröste (minus drei bis minus fünf Grad) aus.

Aber auch der **Wärmebedarf** spielt eine Rolle. So benötigt Faserhanf vom Feldaufgang bis zur Ernte 110 bis 115 Vegetationstage sowie eine Wärmesumme von 1.900 bis 2.000 Grad. Um die Samenreife zu bekommen, braucht Hanf – abhängig von der Sorte – eine Wärmesumme von 2.700 bis 3.000 Grad und bis zu 150 Vegetationstage. Im Vergleich dazu hat z. B. die Erbse einen Wärmesummenbetrag von 2.100 bis 2.800 Grad und Sommergerste von 1.700 bis 2.500 Grad. Das Erreichen der technischen Reife ist also in unseren Breiten gut möglich.

Hanf wurde früher mitunter auf ausgelaugten, verhärteten Böden gepflanzt, um diese zu lockern und für den Anbau anspruchsvollerer Pflanzen, etwa Getreide, vorzubereiten. Diese Aussage wird mitunter mit dem Argument angezweifelt, dass die Hanfwurzel im Verhältnis zu den oberirdischen Teilen der Pflanze eher schwach entwickelt ist. Hanf wurde aber auch auf Steppenböden verwendet, um den Boden nicht nur zu lockern, sondern zugleich zu beschatten und ihn so für weiteren Nutzpflanzenanbau aufzubereiten.

Fasern oder Samen?

Bereits vor der Aussaat muss man sich entscheiden, ob man eher Fasern oder Samen ernten will. Grundsätzlich wurde Hanf als Faserpflanze angebaut und die Hanfsamen waren nur ein gutes Nebenprodukt, da andere Ölpflanzen, wie Sonnenblumen und Raps, ertragreicher waren.

Wird Samenhanf angebaut, fällt viel Faserstroh an. Wird Faserstroh zu Ballen gepresst, kann es gut transportiert werden. Allerdings muss man die Transportkosten bedenken. Daher ist es gut, wenn die Abnehmer in der Nähe sind. Faserstroh soll nicht am Feld liegenbleiben, da es die spätere Bodenbearbeitung erschwert. Der

Absatz von Hanfsamen zur Gewinnung von Öl ist in der Regel kein Problem. Regionale Ölmühlen pressen die Hanfsamen zu Öl.

Je nachdem, ob man sich für Samen oder Fasern entscheidet, gibt es geringe Unterschiede bei den Aussaatzeiten und –mengen. Das Forschungsinstitut für biologischen Anbau (FiBL) empfiehlt für Faserhanf eine Aussaat zwischen Mitte März und Mitte April, für Samenhanf zwischen Ende April und Anfang Mai, wenn die Bodentemperaturen über acht Grad Celsius liegen. Die Saat erfolgt mit einer üblichen Drillmaschine. Grundsätzlich variiert die Aussaatzeit natürlich je nach geographischer Lage. Die Saattiefe liegt bei schweren Böden bei drei bis vier Zentimetern und bei leichten Böden bei etwa sechs Zentimeter.

Will man Fasern gewinnen, benötigt man ein schnelles Längenwachstum ohne Verzweigungen. Faserhanf wird in Reihenabständen von 15 bis 17 Zentimeter und einer Saatmenge von 55 bis 70 Kilogramm pro Hektar gesät. Für die Samengewinnung soll weniger dicht gesät werden, damit die Pflanzen breiter werden, reich blühen und viele Samen bilden. Dabei haben sich Reihenabstände zwischen 30 und 40 Zentimeter und eine Saatmenge von zwölf bis 25 Kilogramm pro Hektar an.

Tabelle 3: Unterschiede zwischen dem Anbau von Samen- und Faserhanf

	Faserhanf	Samenhanf
Aussaatzeitpunkt	Mitte März bis Mitte April	Ende April bis Anfang Mai
Reihenabstände	15 bis 17 cm	30 bis 40 cm
Menge	55 bis 80 kg/ha	12 bis 25 kg/ha

Da Hanf schnell keimt und den Boden früh beschattet, ist vor allem bei Faserhanf, der dicht gesät wird, keine **Unkrautbekämpfung** notwendig.

Hanf hat einen **Stickstoffbedarf** von 80 bis 100 Kilogramm pro Hektar. Grundsätzlich benötigt Hanf, der zur Samengewinnung angebaut wird, weniger Stickstoff als reiner Faserhanf. Da Hanf tiefe Wurzeln bis zu drei Metern ausbildet, kann er auch aus tieferen Schichten Nährstoffe beziehen. Organische Düngung mit Gülle und Mist funktioniert sehr gut. Dabei passt die langsame Freisetzung von Stickstoff optimal zum zeitlichen Nährstoffbedarf der Pflanze. Dabei wird zur Aussaat oder zur Zwischenfrucht gedüngt.

Die Bestände zur Samengewinnung sollen licht sein, damit sie über den Winter schonend rösten und trocknen können. Der Reihenabstand beträgt 15 bis 20 Zentimeter in Reihensaat. Eine Einzelkornsaat ist möglich. Die Zeit der Aussaat ist im Juli und August nach den Vorfrüchten, wie z. B. Gerste. Die Aussaattiefe soll im feinkrümeligen, gut abgesetzten Saatbeet drei Zentimeter betragen.

Die Hanfpflanze ist eine einjährige, nicht winterharte Blattfrucht. Beim Eintreten der Vegetationsruhe soll sie 150 bis 200 Zentimeter hoch sein. Es kommt jedoch nicht nur Blüte, daher können auch keine Samen gewonnen werden. Über den Winter friert der Bestand ab. Diese Standröste ist schonender und gleichmäßiger als die Feldröste, die im Sommer passiert. Sobald es friert, tritt die Röste ein, etwas früher als bei Gelbsenf.

In der Fruchtfolge gilt Hanf als Neutralpflanze (wie Ramtillkraut und Phacelia), da die Gattung *Cannabis* genetisch von anderen

Der Reihenabstand beim Faserhanfanbau ist meist etwas geringer als jener für die Samengewinnung.
Foto: CRETES, Belgien

landwirtschaftlichen Nutzpflanzen entfernt ist. Außerdem ist Hanf selbstverträglich.

Bodenvorbereitung

Für eine ertragreiche Ernte empfiehlt sich ein gut angesetztes, feines Saatbett, das den kapillaren Wasseranstieg aus dem Boden fördert und lockeres Erdreich zur Abdeckung der Saat bietet. Verdichtungen im Bodengefüge sind tunlichst zu vermeiden, da Hanf sehr empfindlich darauf reagiert. Es kommt zu einem lückigen und verzögerten Feldaufgang. In der Wachstumsphase bildet die Pfahlwurzel am Verdichtungshorizont eine L-Form und verliert so vor allem bei Trockenheit stark an Leistungsfähigkeit. Daher ist es sinnvoll auf tonhaltigen Böden eine Herbstfurche mit dem Pflug oder der Scheibenegge durchzuführen. Bei sandhaltigen Böden kann das auch erst im Frühjahr erfolgen. Nach der Bodenbearbeitung sollte eine Rückverdichtung durch eine Walze erfolgen, um den Boden zu schließen und den kapillaren Wasseraufstieg zu ermöglichen.

Im Gegensatz zu älteren Empfehlungen ist eine Schwarzbrache wegen der Nährstoffmineralisation und -auswaschung bei wärmerer Winterwitterung sowie der Oberflächenerosion nicht sinnvoll.

Vor der Aussaat wird der Boden mit 60 bis 150 Kilogramm Stickstoff, 40 bis 140 Kilogramm Phosphor und 75 bis 200 Kilogramm Kalium pro Hektar vorbereitet. Eventuell erfolgt eine erneute Düngung nach drei bis vier Wochen. Bei der – vor allem in Frankreich praktizierten – Doppelnutzung von

Fasern und Samen ist die Düngung mit Stickstoffgaben bis zu 100 Kilogramm pro Hektar eher geringer. Organische Dünger wie Gülle kann Nutzhanf gut verwerten. Weder Unkrautbekämpfung noch Pflanzenschutzmaßnahmen sind notwendig.

Aussaat

Die Aussaat erfolgt je nach Witterungsverhältnissen und Standort – vor allem Spätfröste sind zu beachten – von Mitte April bis Mitte Mai. Mitunter wird Einzelkornsaat angewendet, meist aber geschieht die Aussaat mittels Drillsämaschine und Kreiselegge, allenfalls mit anschließender Walze.

Bis zum Fünf-Laubpaar-Stadium ist Hanf empfindlich gegenüber Spätfrost bei Temperaturen von minus fünf Grad. Ab einer Bodentemperatur von acht bis zehn Grad kommt es aber zu einer schnelleren Keimentwicklung und einem raschen Feldaufgang innerhalb von acht bis zwölf Tagen. Versuche haben gezeigt, dass ein früherer Saattermin zwar zu einem höheren Stängel- und Kornertrag führt, da es auf diese Weise eine längere Zeit zwischen Aussaat und Blühzeitpunkt gibt, jedoch das Risiko von Spätfrösten gegeben ist.

Da es in den letzten Jahren vermehrt zu Frühjahrstrockenheit kommt, wird zunehmend auch das sogenannte „Kasachische Prinzip" empfohlen: Unmittelbar nachdem der Boden vom Frost aufgetaut ist und die Felder befahrbar sind, wird gesät. So kann das noch vorhandene Wasserreservoir aus den Wintermonaten für eine schnelle Jungentwicklung genutzt werden. In Kasachstan herrscht ein kontinentales Klima mit sehr kalten Wintern von bis zu minus 40 Grad Celsius und heißen Sommern mit bis zu 40 Grad Hitze vor. Dementsprechend ist die Vegeatationsperiode kurz und intensiv mit wenig Wasser. Daraus entwicklete sich diese Anbaumethode.

Jungpflanzen: Bis zum Fünf-Laubpaar-Stadium ist Hanf empfindlich gegenüber Spätfrost.
Foto: Riemelmoser

Saatstärke und Reihenabstand

Saatstärke und Reihenabstand hängen davon ab, wie die Hanfpflanze verwertet werden soll sowie von rechtlichen Vorgaben: Es darf laut EU-Vorgabe nur sortenreines Saatgut mit einer Mindestsaatstärke von 20 Kilogramm pro Hektar verwendet werden, die nur bei der Einzelkornsaat unterschritten werden darf.

Im Gegensatz zur von der EU vorgegebenen Mindestsaatstärke beträgt die Empfehlung der Landwirtschaftskammer 25 Kilogramm pro Hektar, was für reine Faserhanfbestände geeignet ist. Hier kann die Saatstärke bis 30 Kilogramm pro Hektar und die Reihenweite zehn bis 20 Zentimeter betragen. Diese vorgeschriebene Saatstärke ist für die Samennutzung problematisch: Für die Sorte „Felina 34" wurde eine Aussaat von 50 Kilogramm pro Hektar empfohlen. In der Praxis wurden zwischen zwei bis 60 Kilogramm pro Hektar ausgebracht, was zu Bestandsdichten von 13 bis 360 Pflanzen pro Quadratmeter führte. Gute Erträge brachte Saatstärken von 15 bis 20 Kilogramm pro Hektar. Für die Samennutzung werden nach österreichischen Erfahrungen Reihenweiten von 40 bis 45 Zentimeter und eine Saatstärke von zehn Kilogramm pro Hektar (15 Kilogramm bei stärkerem Unkrautdruck) empfohlen.

Eine Saatstärke unter acht Kilogramm pro Hektar und ein Reihenabstand von mehr als 40 Zentimetern – je nach Sorte und Nährstoffversorgung – führt zu verholzenden Seitentrieben in unterschiedlicher Länge, endständigen Fruchtständen und somit zu schwierigem Drusch und massiven Ertragseinbußen. Saatstärken über 40 Kilogramm pro Hektar führen zu starker Selbstausdünnung und somit zu vielen abgestorbenen Pflanzen im Bestand.

Sämethoden im Vergleich

Bei der **Einzelkornsaat** wird jedes einzelne Korn in die Erde abgelegt und angedrückt und so eine rasche Wasserversorgung gefördert. Bei der **Drillsaat** werden die Körner locker auf den Boden gelegt und mittels eines Saatstriegels bedeckt, so dass eine Saattiefe von zwei bis vier Zentimeter, mitunter bis auf sechs Zentimeter, hergestellt wird. Wichtig ist eine exakte Ablagetiefe, da bei zu flacher Saat das Saatbeet austrocknen kann und es in der Folge zu einem unregelmäßigen Feldaufgang kommen kann. Wird zu tief gesät kann es – vor allem auf schweren Minearalböden – zu einer unregelmäßigen Keimung und so zu einem lückigen Bestand führen.

Die Drillreihenabstände betragen in der Regel zwölf bis 20 Zentimeter. Als Hackfrucht kann der Abstand auch auf 40 Zentimeter erhöht werden.

In Versuchen stellte Dr. Klaus Ofner, Versuchskoordinator der landwirtschaftlichen Fachschule Mistelbach (NÖ), einen signifikanten Ertragsunterschied zwischen den beiden Saatsystemen fest. Der Durchschnittsertrag bei der Drillsaat mit 140 Körnern pro Quadratmeter lag bei 670 Kilogramm pro Hektar, bei der Einzelkornsaat mit 200 Körner pro Quadratmeter dagegen bei 944 Kilogramm pro Hektar (jedoch mit höherer Streuung der Extremwerte).

Bei der Wahl der Saatstärke spielen auch die Kosten eine wichtige Rolle. Die Kosten für das Saatgut machen ca. 20 Prozent des Deckungsbeitrages aus. Vor allem für Faserhanf kann eine herkömmliche Getreidedrillmaschine verwendet werden. Durch den für Samenhanf weitere Reihenabstand hat zur Folge, dass weniger Saatgut eingesetzt werden muss. So werden hier auch Einzelkornsämaschienen verwendet.

Saatstärke an Nutzung anpassen

Bewährt haben sich Saatstärken von 50 bis 100 Körner pro Quadratmeter bei reiner Kornnutzung, 150 Körner bei kombinierter Korn-Faser-Nutzung und 200 bis 250 Körner bei reiner Fasernutzung, was lange gerade Stängel fördert. Für die Sorte „Finola" stellte Klaus Ofner in Hanfthal 2013 eine Ertragssteigerung bis zu einer Saatstärke von 90 Körnern pro Quadratmeter fest, während sich bei 120 Körnern pro Quadratmeter der Kornertrag verminderte.

Will man Hanf zur Fasernutzung für die **Textilindustrie** gewinnen, benötigt man möglichst lange und feine Fasern mit einem Stängeldurchmesser von weniger als zehn Millimeter. Hiefür werden eine hohe Aussaatstärke von 70 bis 80 Kilogramm pro Hektar und ein Reihenabstand von zwölf bis 20 Zentimeter empfohlen.

Will man Hanf hingegen zur **technischen Fasernutzung**, als Zellstoff für die Papiergewinnung oder Faserverbundstoffe anbauen, werden niedrigere Saatstärken empfohlen. Hanf wird vor allem in Frankreich hauptsächlich für die Papierindustrie angebaut. Dort empfiehlt das französische Agrarforschungsinstitut „Terres inovia“ eine Aussaatstärke von 40 bis 50 Kilogramm pro Hektar, um eine gute Bestandsdichte von 200 bis 250 Pflanzen pro Quadratmeter zu erhalten.

Wird Hanf mit dem Ziel angebaut, hohe **Samenerträge** zu bekommen, werden Saatstärken von fünf bis 30 Kilogramm pro Hektar und Reihenabstände von 20 bis 40 Zentimeter empfohlen. Bei hoher Bestandsdichte verzweigt sich die Hanfpflanze kaum bzw. nur an der Spitze. Da Fruchtstand und Samenansatz im oberen Viertel ausgebildet werden, ist der Ertrag der Samenproduktion von der Stärke der Verzweigung der weiblichen oder einhäusigen Pflanzen abhängig. Versuche haben gezeigt, dass ein weiter Reihenabstand zwar zu höheren Samenertägen führt, dafür aber eine Unkrautbekämpfung erforderlich wird.

Für die Nutzung von Hanf für Fasern und Körner, also der sog. **Dualnutzung**, muss ein Kompromiss eingegangen werden. Das Ziel ist sowohl ein hoher Stängelertrag für die Fasernutzung mit feinen und langen Fasern als auch ein möglichst hoher Kornertrag. Daher muss die Pflanzendichte im Gegensatz zum reinen Faseranbau vermindert werden. Zudem muss der Reihenabstand geringer sein als beim Körneranbau, da die Stängel sonst für die Fasernutzung zu dick werden. Daher wird ein Reihenabstand von 15 bis 20 Zentimeter empfohlen.

Für den Anbau von Hanf für die Gewinnung von **CBD** gibt es in Europa noch keine aussagekräftigen Forschungen. Empfehlungen aus den USA, vor allem aus Kentucky, geben einen Reihenabstand von 20 bis 50 Zentimeter und 35 bis 45 Kilogramm keimfähige Körner pro Hektar (die Aussaatstärke wird um den Faktor der Keinfähigkeit korrigiert) an. Zu beachte ist, dass kühle und feuchte Witterung die Keimung verzögert, die Jugendentwicklung bremst und zu einer geringeren Anzahl gekeimter Pflanzen führt.

Fruchtfolge

Hanf ist sehr gut selbstverträglich und kann wiederholt auf denselben Flächen angebaut werden. In der Fruchtfolge bietet er den Vorteil, nicht mit gängigen Kulturpflanzen verwandt zu sein und durch seinen hohen, dichten Wuchs Unkräuter wirksam zu unterdrücken.

Hanf verträgt jede Vorfrucht und eignet sich unter anderem wegen seines ausgeprägten Wurzelsystems auch selbst gut als Vorfrucht, als Nachfrucht ist seine späte Reife nachteilig. In anderen Kulturen kann Hanf mitunter Unkraut sein.

Ein Landwirt aus dem Yspertal etwa kultiviert auf seinen Ackerflächen Hanf im Fruchtwechsel mit (Winter-)Speisedinkel und baut danach ein bis zwei Jahre Kleegras an. Südtiroler Versuche haben gezeigt, dass der Ertrag von Getreide bis zu 15 Prozent gesteigert werden kann, wenn Hanf in die Fruchtfolge eingebunden wird.

Hanf eignet sich auch als abfrierende Zwischenfrucht nach Stoppelsturz und Pflugfurche, um im Frühjahr vor der Saatbettvorbereitung für Weizen, Mais und Zuckerrüben seicht eingearbeitet zu werden. In Österreich wurde Hanf in der Vermehrung von Zuckerrüben-Saatgut angebaut, um eine Fremdbestäubung zu unterbinden.

Zuchtsorten

Hanf wurde – mit Ausnahme von Rauschhanf – züchterisch kaum bearbeitet, daher ist das Sortenangebot sehr überschaubar. In erster Linie wurde die Fasernutzung als Zuchtkriterium gesehen, Körnerertrag, Kornqualität und Inhaltsstoffe waren sekundär. Erst durch die Wiederentdeckung in den letzten Jahren kam es auch zu einer Rückbesinnung auf die vielfältigen Nutzungsmöglichkeiten, die auch von der Sorte abhängen.

Was ist nun zu beachten, wenn man in Nutzhanf anbauen will? Dazu gibt es den EU-Nutzhanfsortenkatalog. Das Saatgut, das hier gelistet ist, erfüllt die europäischen Bestimmungen und darf in den EU-Mitgliedstaaten zu gewerblichen Zwecken angebaut werden. Dieser Katalog wird jedes Jahr bis spätestens 15. März des laufenden Jahres aktualisiert. Um eine Zulassung zu erhalten, erfolgt eine zweijährige Registerprüfung, bei der Merkmale wie Uniformität, Beständigkeit und Unterscheidbarkeit geprüft werden. Mit der Sortenwertprüfung wird der

Im Jahr 2024 waren auf Basis des gemeinsamen Sortenkatalogs für landwirtschaftliche Pflanzenarten der Europäischen Union 105 Sorten zugelassen. Beim Anbau müssen die Sorten gekennzeichnet sein.
Foto: Hanfland

Nutzen einer Sorte für den Anbau und die Verarbeitung an verschiedenen Standorten ermittelt. Wichtig ist aber vor allem, dass der THC-Gehalt konstant niedrig ist und in weiteren Generationen auch niedrig bleibt. Außerdem muss eine eintragbare Sortenbezeichnung vorliegen.

Die Sorten „Bialobrzeskie" und „Carmagnola" waren zum Beispiel in Deutschland 2020 nicht mehr zugelassen, da ihr durchschnittlicher THC-Gehalt im zweiten Jahr den in Deutschland zulässigen Höchstwert überschritten hatte. In Österreich war deren Anbau erlaubt.

Als Rechtsgrundlagen gelten die vom Rat und der Kommission erlassenen Rechtsakte in den jeweils geltenden Fassungen. Das sind die Verordnung (EU) Nr. 1307/2013 mit Vorschriften über Direktzahlungen an Inhaber landwirtschaftlicher Betriebe im Rahmen von Stützungsregelungen der gemeinsamen Agrarpolitik sowie die Verordnung (EU) Nr. 809/2014 mit den Durchführungsbestimmungen.

Tabelle 4: In Österreich direktzahlungsfähige Nutzhanfsorten im Jahr 2024

Alive SK	Delta-llosa	Fiona	Marina	Santhica 23
AMX	Dioica 88	Futura 75	Markant	Santhica 27
Arizona Dream	Djumbo 20	Futura 83	Matrix	Santhica 70
Armanca	Earlina 8 FC	Glecia	MGC 1013	Secuieni Jubileu
Asso	Eletta Campana	Gliana	Midwest	Silvana
Austa SK	Enectaliana	Glyana	Mietko	Sofia
Auto Power 1	Enectarol	Helena	Mona 16	Strawberra K
Balaton	Epsilon 68	Henola	Monoica	Strawberry H
Beniko	Estica	Ivory	Morning Glory	Succesiv
Bialobrzeskie	Fedora 17	KC Bonusz	Muka 76	Teodora
Cannakomp	Felice	KC Dora	Nashinoide 15	Tiborszallasi
Carma	Felina 32	KC Virtus	Nordria 3	Tisza
Carmagnola	Felina 34	KC Zuzana	Northwest	Troyanka
Carmaleonte	Ferimon	KCA Borana	OGK	Tygra
CFX-2	Fibranova	Kompolti	Olivia	Uniko B
Chamaeleon	Fibrante	Kompolti hibrid TC	Orion 33	Uso-31
Codimono	Fibrimon 56	Lipko	Ostara	Villanova
CRS-1	Fibrol	Loja	Pain killer	Western Cherry
CS	Fibror 79	Lovrin 110	Rajan	Wielkopolskie
Dacia Secuieni	Finola	Mara 21	Ratza	Wojko
Delta-405	Finola 2	Marcello	Rodnik	Zenit

Quelle: Agrarmarkt Austria

Die in Österreich vorwiegend angebauten Sorten sind „Uso-31", „Fedora 17" und „Finola". Sie eignen sich gut für die Samenproduktion. Aber auch „Felina 32", „Ferimon", „Futura 75", „Santhica 27" werden angebaut. Da österreichische Betriebe über keine Lizenzen zur Saatgutvermehrung verfügen, wird dieses zumeist aus Frankreich bezogen. In Deutschland sind auch die Sorten „Denise", „Diana", „Helena" und „Szarvasi" zugelassen, die Sorten „Asso" und „Carmagnola" hingegen nicht.

In der Schweiz werden wiederum andere Sorten angebaut, nachdem die Sortenverordnung des Bundesamts für Landwirtschaft (BLW) seit dem 1.1 2021 keinen Sortenkatalog für Hanf mehr enthält. In der Schweiz gibt es auch keine Melde- oder Bewilligungspflicht für Hanfanbau, wohl aber eine Flächenerfassung. Demnach betrug die Schweizer Hanfanbaufläche im Jahr 2019 insgesamt 243 Hektar (2014: fünf Hektar), obwohl es keine Förderungen für Hanfanbau gibt. Der Nachbau von Hanf ist verboten.

Tabelle 5: Nutzhanfsorten, die im Jahr 2021 in Deutschland angebaut wurden

Sorte	Anbaufläche (ha)	%
Finola	2.119	32,76
Fedora 17	1.061	16,00
Uso-31	914	14,00
Earlina 8 FC	688	10,00
Santhica 27	389	6,00
Felina 32	356	5,00
Henola	327	5,00
Ferimon	286	4,00
Santhica 70	153	2,00
Futura 75	95	1,48
Tiborszallasi	49	0,67
Fibror 79	13	0,20
Eletta Campana	6,66	0,10
Kompolti	4,89	0,07
Futura 83	1,11	0,01
Dioica	0,50	0,01
CS	0,14	0,00

Quelle: BLE

INFO! Fördervorausetzungen Hanf-Anbau

- Ausschließlich zertifiziertes Saatgut von zugelassenen Hanfsorten: Für Direktzahlungen kommt nur zertifiziertes Saatgut von Sorten in Frage, die im Jahr, in dem die Zahlung gewährt wird, im gemeinsamen Sortenkatalog veröffentlicht sind. Die vorgegebenen Fristen für Antragsabgabe, Belegvorlage, Aussaat- und Erntetermine sind einzuhalten. Der Blühbeginn ist ebenso unverzüglich schriftlich zu melden wie jede Änderung der rechtlichen und tatsächlichen Verhältnisse.
- Nachweis von ausreichend Saatgut (in der EU mind. 20 Kilogramm pro Hektar)
- Saatgut-Etiketten und Rechnung als Nachweis
- Nur eine Sorte Hanf pro Schlag
- Hanfbestandspflege bis zehn Tage nach Blühende; Ernte erst danach erlaubt
- Österreichische Biobetriebe müssen beachten, dass Hanf seit dem Jahr 2020 nicht mehr auf der Liste der allgemeinen Ausnahmegenehmigungen der Agentur für Gesundheit und Ernährungssicherheit (AGES) steht. Daher muss beim Einsatz von konventionellem, ungebeiztem Saatgut vor dem Zukauf ein Ansuchen bei der zuständigen Bio-Kontrollstelle gestellt werden.

Finola

Die Sorte „Finola“ ist eine *C. sativa*-Sorte, früher als „FIN-314“ bezeichnet. Sie entstand durch die Kreuzung zweier nordrussischer Landsorten (*C. ruderalis*) durch die Universität Kuopio (Finnland) im Jahr 1995.

Eigenschaften:

- Kleinwüchsig: Wird etwa 1,5 Meter hoch und kann daher maschinell leichter bearbeitet werden als hochwüchsige Sorten.
- Sehr ertragreich: Zu erwarten sind über zwei Tonnen Samenertrag pro Hektar. Der Rekord liegt bei 3.200 Kilogramm pro Hektar.
- Mäßiger Stroh- und Faserertrag: Etwa fünf bis sieben Tonnen Stroh, wobei die Faserqualität nicht gleichmäßig ist. Die Fasern von männlichen Pflanzen sind außergewöhnlich fein.
- Wächst am besten in kontinentalen und gemäßigten Regionen, insbesondere zwischen dem 45. und 60. Breitengrad.
- In dürregefährdeten Gebieten ist mitunter eine Bewässerung erforderlich.
- Aussaat: April bis Juni, ab einer Bodentemperatur von fünf bis zehn Grad Celsius, Keimling ist bis zum Fünfblattstadium gegenüber Temperaturen von weniger als minus fünf Grad sehr empfindlich.
- Saatstärke: 120 bis 180 Pflanzen pro Quadratmeter (22 bis 28 Kilogramm pro Hektar) bei Körnernutzung
- Reihenabstand: Zwölf bis 45 Zentimeter ; bei Abständen über 30 Zentimeter ist Hacken gegen Unkräuter erforderlich.
- Saattiefe: Ein bis vier Zentimeter (zu tiefe Saat führt zu lückigem Aufgang, zu seichte zu Vogelfraß und Austrocknung)
- Selbstblühend
- Zweihäusig
- Früh reifend: Vegetationsperiode von 100–120 Tagen, je südlicher desto kürzer
- Widerstandsfähig
- Ernte: Mitte August
- Sehr geringer THC-Gehalt, mittlerer bis hoher CBD-Gehalt
- Hauptanbaugebiete: Regionen mit kurzem Sommer, v. a. Kanada und Nordeuropa

Durch den sehr hohen Kornertrag, die relativ einfache Ernte und den süßen, nussigen Geschmack ist diese Ölsaat sowohl für die menschliche Ernährung als auch für die Tierernährung gut geeignet. In den letzten Jahren wird „Finola“ verstärkt zur Herstellung von CBD-Produkten verwendet. Die Sorte eignet sich wegen ihrer duftstoffreichen Blüten auch gut zur Produktion ätherischer Duftöle.

„Finola“ ist die erste in der EU anerkannte Ölsaaten-Hanfsorte und macht in Deutschland etwa rund ein Drittel der gesamten Hanf-Anbaufläche aus.

Fedora 17

Die französische Sorte „Fedora 17“ wird zur Faser- und Ölgewinnung angebaut und aufgrund ihres hohen Cannabidiol-Gehalts auch zur CBD-Produktion verwendet. In Deutschland wurden zuletzt auf gut 16 Prozent der Hanfanbaufläche „Fedora 17“ angebaut.

Eigenschaften:

- Mittlere Wuchshöhe (zwei bis 2,5 Meter)
- Für die Koppel(Dual-)nutzung geeignet
- Mittlerer Samenertrag: 600 bis 1.000 Kilogramm pro Hektar
- Mittlerer Stroh- und Faserertrag
- Aussaat: April bis Mai
- Saatstärke bei Fasernutzung: 300 bis 400 Pflanzen pro Quadartmeter (70 bis 80 Kilogramm pro Hektar), bei Körnernut-

zung: 120 bis 180 Pflanzenpro Quadratmeter (22 bis 28 Kilogramm pro Hektar)
- Reihenabstand: Zwölf bis 45 Zentimeter; bei Abständen über 30 Zentimeter ist Hacken gegen Unkräuter erforderlich.
- Saattiefe: Ein bis vier Zentimeter (zu tiefe Saat führt zu lückigem Aufgang, zu seichte zu Vogelfraß und Austrocknung)
- Eher früh reifend, schnell wachsend, früh blühend, Vegetationsperiode rund 130 Tage.
- Einhäusig, dennoch bleiben 30 bis 50 Prozent rein weiblich.
- Widerstandfähig
- Ernte: Ende September
- Sehr geringer THC-Gehalt, mittlerer bis hoher CBD-Gehalt (bis zu zehn Prozent), hoher Glutamin-Gehalt, ballaststoffreich.
- Hauptanbaugebiet: Zentraleuropa

Uso-31

Die Sorte „Uso-31" wurde 1987 in der Ukraine gezüchtet. Sie ist in Deutschland die dritthäufigste Sorte und wird auf gut 14 Prozent der Hanfanbaufläche angebaut.

Eigenschaften:
- Mittlere Wuchshöhe (zwei bis 2,5 Meter)
- Für die Koppel(Dual-)nutzung geeignet
- Aussaat: Mitte März
- Vegetationsperiode: Rund 125 Tage
- Einhäusig
- Frühe Ernte, daher für nachfolgende Winteraussaat gut geeignet.

Earlina 8 FC

Diese Hanfsorte ist die jüngste der am meisten verbreiteten Nutzhanfsorten Europas und stammt aus Frankreich.

Eigenschaften:
- Kleine Wuchshöhe (1,5 bis zwei Meter)
- Hoher Samenertrag
- Vegetationsperiode: Rund 115 bis 120 Tage
- Einhäusig
- Blüte: August

Pflege

Hanf ist pflgeleicht und verlangt im Normalfall keine zusätzlichen Maßnahmen: weder Hacken, noch Striegeln oder Pflanzenschutzmittel. Hanf kann Wasser und Nährstoffe im Boden gut verwerten, daher ist sogar eine Düngung nicht zwingend erforderlich. Grubbern vor der Saatbettvorbereitung, die Saatbettbereitung selbst und (mehrmaliges) Hacken fördern die Nährstoffmineralisation und –bereitstellung.

Die Vegetationsperiode, also die Zeit von der Aussaat bis zur Ernte, dauert bei Hanf etwa 100 Tage, gleich lange wie bei Lein und Raps, und bietet aus pflanzenbaulicher Sicht Vorteile für eine extensive und ökologische Landwirtschaft.

Die Massenentwicklung ist zwischen der vierten und zehnten Wachstumswoche am größten, in dieser Zeit sind auch der Nährstoff- und Wasserbedarf relativ hoch. In dieser Phase wächst Hanf durchschnittlich drei bis fünf Zentimeter und in sehr guten Jahren bis zu elf Zentimeter pro Tag in die Länge. Am Ende dieser Entwicklung, also bis zum Beginn der Blüte, hat die Hanfpflanze bereits 79 Prozent ihrer ganzen Stickstoffmenge und 77 Prozent ihrer Kaliumoxidmenge aufgenommen. Hingegen verläuft die Aufnahme von Phosphor kontinuierlich. Verschiedene Studien haben gezeigt, dass Stickstoffdüngung vor dieser Zeit zu einem höheren Ertrag führt.

Die Düngung erfolgt meist vor der Aussaat. Der Stickstoffbedarf von Hanf liegt bei 60 bis 80 Kilogramm pro Hektar. Zu viel Stickstoff fördert die Bildung von Unterhanf, also abgestorbener Pflanzen, und führt zu verminderter Faserqualität bei erhöhter Lagerneigung. Hanf benötigt für die Samenproduktion etwa 100 Kilogramm Stickstoff pro Hektar, Faserhanf etwas weniger. Bei der Berechnung muss der Stickstoffgehalt des Bodens mitgerechnet werden. Außerdem benötigt Hanf ca. 80 Kilogramm P_2O_5 (Phosphorpentoxid) und 120 bis 140 Kilogramm Kaliumoxid (K_2O) pro Hektar. Auch Kalk ist wichtig, damit der Boden nicht zu sauer ist.

Tabelle 6: Nährstoffbedarf von Samen- und Faserhanf (in kg/ha)

Nährstoff	Samenhanf	Faserhanf
Stickstoff	100	80
Phosphorpentoxid	80	80
Kaliumoxid	140	120

Es kommen mineralische und organische Düngeformen in Frage. Hanf eignet sich besonders gut als Nachfrucht nach Leguminosen oder nach Hackfrüchten, die gut mit organischem Dünger versorgt wurden. Eine Düngung mit Stallmist oder Kompost zur Hanfsaat wirkt zu spät. Zu beachten ist die Gülleempfindlichkeit.

Die Nährstoffversorgung beeinflusst das Verhältnis zwischen rascher Pflanzenentwicklung und Ertrag einerseits und starkem Längenwachstum andererseits, das den Samendrusch erschwert. Samenhanf kann bis zu einer Größe von vier Metern mit Spezialdreschern problemlos geerntet werden. Wird mehr Stickstoff gedüngt, steigt zwar der Stängelertrag, jedoch nehmen sowohl der Fasergehalt in der Sprossachse als auch die Reißfestigkeit ab, da es zu dünneren Zellwänden, größeren Faserhohlräumen und weniger Geschlossenheit der Faserbündel kommt. Durch die höhere Nährstoffversorgung bleibt die Hanfpflanze länger grün, was die Weiterverarbeitung erschwert.

Kontrolle

Nach der derzeit geltenden Rechtslage muss jeder Hanfbauer den Blühbeginn von Nutzhanf melden. In Österreich ist die Agrarmarkt Austria Adressat dieser Meldung, in Deutschland die Bundesanstalt für Ernährung. Kontrollore nehmen dann Proben der Blüten, die versiegelt in ein Labor geschickt werden. Überschreitet eine Probe mehrfach dem Grenzwert, wird die Ernte aus dem Verkehr genommen.

Pflanzenschutz

Ein großer Vorteil, von Hanf ist sein hohes Potenzial Unkraut zu unterdrücken. Dadurch, dass Hanf in seiner Jugend schnell wächst und die Reihen schließt, erfolgt eine schnelle Beschattung, was Unkraut, wie auch Disteln und Quecken, unterdrückt.

Deutsche Feldversuche mit Herbiziden zeigten eine fast vollständige Bestandesvernichtung in Form von Ausdünnung, Stauchung und Wuchsdeformationen. Solch starke Schäden wurden sowohl von Bodenwirkstoffen als auch von typischen Blattpräparaten ausgelöst. Der Einsatz von den üblichen Breitbandherbiziden ist daher nicht möglich und erforderlich. Mechanische Unkrautbekämpfung reicht daher aus.

Eine Beikrautregulierung etwa durch Striegeln ist in der Regel weder erforderlich noch sinnvoll – die Verletzungsgefahr und das Wachstumsstörungsrisiko der jungen Pflanzen sind hoch.

Da Hanf sehr schnell wächst und viel Biomasse erzeugt, wird das Unkrautwachstum grundsätzlich unterdrückt.
Foto: Riemelmoser

Rehe und Hasen mögen junge Hanfpflanzen und sollten vergrämt werden. Auch Schnecken können mitunter zum Problem werden. Aber selbst im biologischen Pflanzenbau kann Schneckenkorn eingesetzt werden.

Es sind darüberhinaus keine Pflanzenschutzmittel erforderlich. Ein Grund liegt auch daran, dass es bisher trotz züchterischer Anstrengungen keine reine Zuchtsorte gibt. Hanf besteht aus vielen Individuen mit unterschiedlichem Erbgut, das sich in unterschiedlicher Resilienz gegenüber verschiedener Krankheiten auswirkt. So würde ein Krankheitsbefall einer Pflanze nicht zu einer großflächigen Ansteckung anderer Hanfpflanzen und damit zu starken Ertragseinbußen führen.

Krankheiten

Die steigenden Anbauflächen erhöhen den Schaderregerdruck und fördern das Auftreten von neuen Krankheiten. So wurde im Jahr 2019 erstmals die pflanzenpathogene Pilzart *Phaeomycocentrospora cantuariensis* in Österreich festgestellt, die hierzulande bisher nur vom Hopfen bekannt war. Die Krankheit äußert sich durch zahlreiche rundliche, unregelmäßig geformte Flecken auf den Blättern mit einem markanten dunkelbraunen Rand und einem hellbraunen bis gräulichen Zentrum. Auch in den USA wurde dieser Pilzerreger bereits festgestellt.

Eine weitere Krankheit ist der Grauschimmel, verursacht durch den Pilz *Botrytis cinerea*. Er befällt die Pflanzenstängel

Bei der Feldröste besteht die Gefahr der Schimmelbildung. Foto: CRETES, Belgien

bei kühlen Temperaturen und hoher Luftfeuchtigkeit. Typisch sind Flecken auf den Stängeln, die zum Brechen und Umfallen der Pflanzen führen. Dabei können auch Hanfpflanzen befallen werden, die bereits gemäht und zur Feldröste liegengelassen wurden.

Auch der Pilz *Scelortinia sclerotiorum* kann die Hanfpflanzen befallen. Er tritt vor allem in niederschlagsreichen Jahren und sehr nassen Böden auf. Dieser Pilz verursacht Hanfkrebs, der zur Welke und zum Absterben der ganzen Pflanze führt. Er befällt das Gewebe am Wurzelhals, was zu einer gelbbraunen Verfärbung des unteren Drittels der Pflanze führt. Dann fallen die Blätter ab und die Pflanze trocknet aus. Daher sollte Hanf nicht auf die stark vom Grundwasser beeinflussten Böden, wie z. B. Niedermooren, angebaut werden. Der natürliche Wasserhaushalt sollte über anbautechnische Maßnahmen verbessert werden.

Ein weiterer Krankheitserreger ist der parasitische Eipilz *Pythium debaryanum,* der über 100 Arten innerhalb einer Gattung aufweist. Dieser kann z. B. die sogenannte Umfallkrankheit auslösen, die Sämlinge befällt. Als Wasserschimmelpilze verursachen Pythium-Arten Wurzelfäule. Diese äußert sich in einer dunkleren Wurzelfarbe, einer weichen, breiigen ud klebrigen Wurzel, die ihre Struktur durch die Schädigung der Wurzelrinde verändert hat sowie einem unangenehmen Geruch. Dadurch verlieren junge Pflanzen ihre Vitalität und brechen kurz nach dem Austrieb aus dem Boden zusammen und auch ältere Pflanzen gedeihen nicht mehr gut. Die Wurzeln und der untere Teil des Haupttriebs werden braun, da der Erreger die Zellen in den höheren Bereichen der Pflanze infiziert. Durch die gestörte Stickstoffaufnahme nach einer Schädigung der Wurzelrinde werden die Fächerblätter gelb.

Die Hypothese, dass die Resistenz gegenüber Insekten, Pilzen, Bakterien und Nematoden vom THC-Gehalt abhinge, konnte in wissenschaftlichen Untersuchungen nicht bestätigt werden.

Vorfruchtwirkung

Hanf besitzt einen sehr guten Vorfruchtwert. Da Hanf nur mit Hopfen verwandt ist, kann er gut in die Fruchtfolge eingebaut werden. Grundsätzlich lockert Hanf einseitige auf Winterungen basierte Fruchtfolgen auf.

Da im Anbau von Hanf keine chemischen Pflanzenschutzmittel eingesetzt werden, wird die Mikroflora im Boden gefördert. Es kommt zu einem aktiven Bodenleben, wodurch die Bodenfruchtbarkeit gesteigert wird.

In Versuchen stellte sich heraus, dass Hanf als Vorfrucht den Ertrag von Winterweizen und auch von Sojabohnen, die als Monokultur angebaut werden, steigern kann. Auch für Zuckerrüben eignet sich Hanf als Vorfrucht, da er die Nematodenpopulation von *Heterodera schachtii* im Boden verringert.

Versuche haben weiters gezeigt, dass Hanf resistent gegenüber dem Schlauchpilz aus der Familie der Plectosphaerellaceae ist, der die Verticillium-Welke bei über 400 Pflanzenarten mit Blatt-Einrollen und Entfärbungen verursacht. In einem Versuch konnte nachgewiesen werden, die Bildung neuer Schlauchpilze gehemmt wird, wenn die Hanfstoppeln vom Ackerboden entfernt werden.

INFO! Was für den Hanfanbau spricht:

- selbstverträglich
- ausgezeichnete Vorfrucht
- verbessert die Böden durch weitverzweigtes und tiefes Wurzelsystem
- positive Auswirkung auf die Bodengare
- grundsätzlich keine Unkrautbekämpfung erforderlich
- grundsätzlich kein Pflanzenschutz erforderlich

ERNTE

In Österreich erfolgt die Ernte meist zwischen Ende August und Mitte Oktober.

Die Hanfpflanze ist grundsätzlich zweihäusig, was seine Ernte wegen der unterschiedlichen Reifezeiten der männlichen und weiblichen Pflanzen erheblich erschwert. Zunächst erfolgt das sogenannte Femeln oder Fimmeln. Darunter versteht man das selektive Ernten der reifen männlichen Pflanzen. Es verschafft den weiblichen Pflanzen mit ihrer längeren Reifezeit mehr Raum.

Die Ernte wird auch dadurch erschwert, dass die Körner sehr ungleichmäßig reifen, wodurch es zu hohem Samenausfall am Feld kommen kann. Erntetermine Anfang September und Mitte September unterscheiden sich kaum im Kornertrag, bei einer Ernte Anfang Oktober kann es zu Ertragsminderungen bis zu 60 Prozent kommen.

Aus erntetechnischen und damit wirtschaftlichen Gründen wird heute in der Landwirtschaft bevorzugt einhäusiger (monözischer) Hanf angebaut. Bei diesen sogenannten femininen Monözisten (Zwittern) sind weibliche und männliche Blüten auf einer Pflanze vereint. Der Vorteil liegt vor allem in der gleichmäßigen Reifung aller Pflanzen eines Bestandes. Allerdings sind einhäusige Sorten den zweihäusigen ertragsmäßig klar unterlegen.

FASERNUTZUNG

Grundsätzlich ist die weitere Verwertung für das Ernteverfahren entscheidend. Werden die Stängel und Fasern für die Textilindustrie produziert, benötigt man die Langfasern. Dabei ist die Parallellage der Fasern während der Ernte wichtig. Werden die Fasern jedoch für den technischen Bereich, also für Verbundwerkstoffe im Automobilbereich oder Dämmstoffe verwendet, ist das Einkürzen der Stängel von Bedeutung. Die Ernte erfolgt dabei mit Spezialmaschinen. Das belgische Unternehmen „Cretes“ war das erste Unternehmen, das eine spezielle Erntemaschine entwickelt hat, die die Hanfstängel in zwei Höhen schneidet und anschließend die Blätter und Blüten der Pflanze entfernt.

Der beste Erntezeitpunkt von Faserhanf ist erreicht, wenn mehr als 50 Prozent der Staubbeutel im Blütenstand geöffnet sind und ihre Pollen schütten. Das ist abhängig von der Sorte und Anbaubedingungen zwischen Ende Juli bis Ende September. Für den Drusch eignen sich speziell angepasste Mähdrescher. Das Ernteverfahren besteht aus dem Mähen und Einkürzen der Pflanzen, der Schwadablage, dem Wenden und Ballenpressen.

Durch den steigenden Bedarf an in Europa produzierten Faserpflanzen ist der Absatz nun wieder im Steigen begriffen. Die Pflanzen werden bodennah gemäht und zur Röste zwei bis drei Wochen auf dem Feld liegengelassen und regelmäßig gewendet. Dabei wird das Pektin, das die Faser zusammenhält, mikrobiell abgebaut. Sobald sich die Faser von den Schäben, also den verholzten Teilen, gelöst hat, kann die Ernte in Ballen gepresst und abtransportiert werden. Für diese Art der Ernte entwickelte das niederländische Unternehmen "HempFlax" ein Maschinensystem namens „HempCut". Dabei handelt es sich um einen modifizierten Selbsthäcksler.

Durch die Standröste entstehen sehr feine Fasern. Durch die hohe Qualität bieten sich viele Verwendungsmöglichkeiten in der Tex-

Die Wahl der Erntemethode hängt von der Verwendung des Hanfs ab. Für die maschinelle Ernte von Hanffasern werden spezialisierte Maschinen eingesetzt, die die Pflanzen schneiden und die Fasern extrahieren können oder nur die Blüten abernten. Foto: Hanfland

Während der Ernte von Faserhanf für die Textilindustrie werden die Stängel in parallel verlaufenden Schwaden auf dem Feld abgelegt. Foto: CRETES, Belgien

tilindustrie an. Vor der Weiterverarbeitung müssen die Hanfballen zunächst entholzt werden. Dazu müssen die Ballen geöffnet und die wertvollen Fasern von Holzteilchen und Stäuben getrennt werden. Die so entstandenen Hanfflocken werden nass gewaschen, damit sie aufschließen und durch die Textilindustrie weiterverarbeitet werden können.

NUTZUNG VON KÖRNERN UND FASERN

Zur Dualnutzung werden die Hanfpflanzen abgeschnitten und bleiben noch bis zu drei Wochen am Acker liegen. Durch diese Feldröste reifen einerseits die Samen nach, andererseits lösen Mikroorganismen die Pektine auf und verleihen damit den Fasern ihre Farbe und Geschmeidigkeit. Bis höchstens zwei Tage danach muss das Hanfstroh nachgemäht, eingepflügt oder mit der Scheibenegge eingearbeitet werden, da dann die Fasern noch nicht so fest sind.

Für die Langfaserverarbeitung wird das Hanfstroh auf dem Feld parallel ausgelegt und getrocknet. Danach folgen eine Rös-

tung und eine erneute Trocknung auf dem Feld. Für Kurzfasern und Gesamtfasern wird das Hanfstroh auf dem Feld gekürzt, geröstet und danach in Ballen gepresst.
Werden die Samen auch genutzt, erfolgt die Ernte mit der Vollreife der Samen erst Mitte September bis Mitte Oktober. Der beste Zeitpunkt ist gekommen, wenn die ersten Samen ausfallen. Auch hier erfolgt die Ernte mit adaptierten Mähdreschern, wobei vor allem Verstopfungen durch das faserige Hanfstroh ein Problem sein können. Erst allmählich werden Spezialmaschinen gebaut, wobei China – ein Land mit einer langen und ununterbrochenen Hanfanbautradition – hier eine Vorreiterrolle einnimmt.

Bei einer kombinierten Ernte – wenn also Stroh und Samen weiterbearbeitet werden sollen – kommt es auf den optimalen Reifezustand der Nüsschen an, die jedoch erst reifen, wenn die Fasern bereits zu verholzen beginnen. Ein Qualitätsverlust der Fasern ist somit die unabwendbare Folge.

Die Hanfsamen werden ab September geerntet und gepresst. Die Ernte erfolgt dabei mit einem modifizierten Mähdrescher, der nur die obersten Teile der Pflanze erntet. Der Drusch ist anspruchsvoll, da sich die Hanffasern oft um drehende Teile wickeln und dadurch die Maschine verstopfen können. Speziell bei der Samennnutzung sollten diese bereits innerhalb weniger Stunden gereingt und auf acht Prozent Feuchtigkeit herunter getrocknet werden, um Schimmebefall vorzubeugen.

Bei Sommerhanf kann man bei doppelter Aussaatmenge mit acht bis zwölf Tonnen pro Hektar rechnen.

GEWINNUNG VON CANNABIDIOL

Eine weitere Möglichkeit der Verwertung ist die Gewinnung von Cannabidiol, also CBD aus den Blüten und Blättern der Hanfpflanze. Auch dafür gibt es noch keinen konventionellen Mäher, daran wird noch geforscht. Die deutsche Firma Hanf Farm GmbH hat die Erntemaschine „Multicombine HC 3400" entwickelt, bei der das stufenlos verstellbare Schneidwerk mit Doppelmessertechnologie in unterschiedlichen Höhen eingesetzt werden kann. Das geschnittene Material wird über ein Förderband schonend zum Bunker transportiert. Dabei werden hier nur die Blüten und Blätter geerntet.

Für die Herstellung von CBD-Produkten werden nur die Blüten und Blätter benötigt.
Foto: CO2 EA Gmbh

INFO! Erntemaschine CANN DoubleCut 4510

Problematisch bei der Ernte von Hanffasern in Form der Stängel ist, dass beim Ernteoptimum die Samen noch nicht reif sind. Haben die Hanfsamen aber ihre Reife erreicht, wird es nahezu unmöglich, die Stängel zu schneiden.
Die niederländische Firma CANN baute verschiedene Aufsätze für einen Mähdrescher der Marke John Deere, Modell T670i. Damit können Stängel, Samen und Blätter bzw. Blüten in einem Arbeitsschritt getrennt werden. Die Zusammenarbeit erfolgt mit den Firmen HempFlax und GroeNoord.
Der DC 4510 erntet die Blüten und Blätter einschließlich der Samen mit dem oberen Schneidwerk. Dabei ist er erhöht und hat eine Schnitthöhe von bis zu 3,2 Metern. Ein Schneidwerk holt vor dem Schnitt die Samenstände ein. Die Stiele werden vom Häcksler „Kemper 445“ in 50 Zentimeter lange Stücke geschnitten. Durch den Ablageschacht am Boden wird das Stroh in das Schwad gelegt. Mit einer Breite von 4,5 Metern ist eine Ernte von 2,5 Hektar pro Stunde möglich.
Werden niedrige Hanfsorten angebaut, eignet sich der „Cann 616D“, wo der Arbeitsbereich von 1,2 auf 3,2 Meter erhöht wird.
Im Drescher werden die Nüsse schließlich wie beim Getreide ausgedroschen und gereinigt.

ERTRAG

Der Ertrag sollte in der Regel 600 bis 1.200 Kilogramm pro Hektar (Reinware) bei Körnernutzung bzw. gut 4.000 Kilogramm Stroh pro Hektar (geröstete Verkaufsware) betragen. Korn- und Strohertrag beeinflussen sich positiv, viel Korn heißt grundsätzlich auch viel Stroh, allerdings je nach Sorte unterschiedlich.

Dr. Klaus Ofner führte im Rahmen einer Dissertation an der Universität für Bodenkultur im semiariden Gebiet des Weinviertels umfangreiche dreijährige Versuche durch. Verglichen wurden die Sorten „Epsilon 68“, „Fedora 17“, „Felina 32“, „Ferimon“, „Futura 75“, „Santhica 27“, „Uso-31“ sowie – nur ein Jahr – „Finola“, „KC Dora“, „Tisza“ und „Tiborszallasi“. Die Sorten unterscheiden sich im Kornertrag nicht signifikant voneinander. Auch die Sätechnik (Einzelkorn- oder Drillsaat) machen im Kornertrag keinen großen Unterschied. Ebenso wurde festgestellt, dass größere Pflanzen keinen höheren Kornertrag erbrachten. Hingegen zeigte sich, dass eine zu hohe Bestandsdichte den Kornertrag stark mindert. Eine hohe Bestandsdichte führt nur zu geringfügig schwächeren Stroherträgen, sie bringt allerdings eine bessere Strohqualität. Bei manchen Sorten steigt die Strohmenge hingegen bei höherer Bestandsdichte sogar an.

Für den Hanfstrohertrag wurden der Faser- und der Schäbenertrag gemeinsam betrachtet. Hier waren Unterschiede in den Sorten zu beobachten: Am besten schnitten die Sorten „Epsilon 68“, „Futura 75“, „Santhica 27“ und „Tiborszallasi“ ab, mittlere Stroherträge erbrachten „Fedora 17“, „Felina 32“ und „Tisza“. Die Sorten „Ferimon“, „KC Dora“ und „Uso-31“ brachten aufgrund ihrer Kleinwüchsigkeit einen unterdurchschnittlichen Strohertrag und sind daher für die Kornnutzung geeigneter. Ein später Erntetermin vermindert den Strohertrag nicht.

VERARBEITUNG

Wegen der kostspieligen Maschinen bietet sich nach der Ernte im Lohndrusch eine gemeinschaftliche Verarbeitung oder der Verkauf an einen Verarbeitungspartner an. Der Hanfbauer bringt seine Ernte zu einem Verarbeitungsbetrieb, mit dem er sinnvollerweise vorab klare Verträge abgeschlossen hat. Dort wird der Hanf zunächst gereinigt, dann werden Steinchen, Stängelreste, Samen anderer Pflanzen oder Problemunkräuter, wie etwa Stechapfel, entfernt.

Die Hanfkörner sind innerhalb von 24 Stunden kalt, das heißt mit einer maximalen Korntemperatur von 37 Grad Celsius, zu trocknen. Das Hanfkorn ist bei 7,5 Prozent Feuchtigkeit lagerfähig.

Im nächsten Schritt wird die Qualität kontrolliert, wobei vor allem bei der Ölgewinnung die Sensorik eine wichtige Rolle spielt. Danach analysieren akkreditierte Labore die Hanfsamen auf mögliche Schadstoffe und natürlich auch auf den THC-Wert, der in Österreich unter 0,2 Prozent liegen muss.

Bei der Lagerung sind Fremdgerüche jedenfalls zu vermeiden, da Hanf diese leicht annimmt. Auch Vögel und Schadnager sind vom Lager fern zu halten, da es sonst zu einer Kontamination mit Salmonellen kommen kann. Außerdem ist darauf zu achten, dass Hanfkörner bei der Lagerung frei von Pilzbefall und Schimmel bleiben. Sie sollen durch schonende Verarbeitung ihre goldene Farbe und ihren nussigen Geschmack erhalten.

Die wichtigsten Verarbeiter sind die österreichischen Hanfpioniere in Hanfthal und der Hanfwelt. Mittlerweile gibt es aber auch in den übrigen Bundesländern innovative Verarbeitungsbetriebe. Wir wollen anbei eine kleine Auswahl vorstellen.

HANFWELT RIEGLER-NURSCHER, ST. LEONHARD AM FORST (MOSTVIERTEL)

Der Familienbetrieb Riegler-Nurscher stellte 1996 auf biologische Landwirtschaft um. Neben Hanf werden auch Leinsamen, Futtergetreide und Leguminosen angebaut. Zum Betrieb gehören auch etwa 700 Weidegänse, 20 Legehennen und 500 Wildmasthendln. Stefan Riegler-Nurscher übernahm die Landwirtschaft 2002 und betreibt sie

Stefan und Judith Riegler-Nurscher zählen zu den erfolgreichsten Hanfbauern Österreichs. Foto: Hanfwelt

mit seiner Frau Judith seit 2019 als GmbH & Co KG. Die Hanfwelt verarbeitet Speisehanf von rund 80 Vertragslandwirten mit 500 ha Anbaufläche. Die jährliche Ernte macht ca. 300 bis 400 Tonnen Hanfkörner aus, sechs Mitarbeiter erwirtschaften einen Umsatz von knapp einer Million Euro. Angebaut wird vor allem die THC-arme Sorte „Fedora 17", aus der eine sehr vielfältige Produktpalette hergestellt wird.

HANFLAND GMBH, HANFTHAL BEI LAA/THAYA

Hanfland ist führender Verarbeiter und Vermarkter in Österreich und betreibt den Anbau von Lebensmittelhanf seit 2004. Weiters wird ein Themendorf mit Hanferlebnispfad und Hanfmuseum, Hanf-Koch, Hanf-Shop und Handel geführt.

Die Firmengründer der Hanfland GmbH. (v. li): Anton Hagenauer, Mag. Gerda Steinfellner und Günther Schmid. Foto: Hanfland

2016 erfolgte ein Rückschlag durch den Rückzug von Großkunden aus der Lohnschälung der Samen, die Produktion brach von 800 auf 200 Tonnen pro Jahr ein. Es werden 60 verschiedene Produkte erzeugt. Die aktuelle Anbaufläche beträgt 450 ha, es werden heute wieder 350 bis 500 Tonnen Lebensmittelhanf verabeitet. 16 Mitarbeiter erwirtschaften einen Umsatz von ca. 1,7 Millionen Euro. 2024 kämpft der Betrieb jedoch mit dem starken Preisverfall von Hanfsamen in der Europäischen Union. Geschäftsführerin Gerda Steinfellner bedauert, dass durch die gleichzeitig hohen Produktionspreise in Österreich heimischer Hanf nicht mehr konkurrenzfähig ist. Hanfland verkauft daher aufgrund zu geringer Auslastung derzeit die 2013 errichtete Schälanlage in Heidenreichstein und schließt vorerst keine Hanfanbauverträge mehr ab.

SCHALK-MÜHLE, ILZ (OSTSTEIERMARK)

Der seit 1859 bestehende Familienbetrieb bewirtschaftet 50 Hektar eigene Äcker, verarbeitet und vertreibt mit rund 40 Mitarbeitern vor allem aber eine Vielzahl von Feldfrüchten aus österreichischem Anbau in den unterschiedlichen Verarbeitungsformen wie native Öle, Proteinpulver und -riegel, Pesto, Senfzubereitungen und Cracker. Die Schalk-Mühle verfügt nicht nur über Bio- und Demeter- sondern auch über Halal- und Kosher-Zertifikate. Neben einem Hofladen in Ilz wird in 102 Länder – mit Schwerpunkt Österreich und Deutschland – verkauft.

Zunehmende Bedeutung hat die Verarbeitung von Hanf-Samen erlangt – vorwiegend der Sorte „Fedora 17", aber auch aus „Finola", „Uso-31" und „Futura 75". Die Reste verbleiben am Acker, in der Fruchtfolge steht oft Soja im Folgejahr und Ackerbohnengemengen im Vorjahr.

BAYERS FRANKEN HANF, KRONACH (BAYERN)

Josef Bayer, genannt Hanf-Joe, baut seit 2018 im oberfränkischen Kronach Hanf an. Er bietet das erste Selbstpflückfeld für CBD-haltigen Nutzhanf an. 2021 hat er die Grasshoppers GmbH gegründet, über die er unter anderem auch Hanf-Spirituosen vertreibt.

BADISCHE NATURFASERAUFBEREITUNG GMBH, MALSCH (BADEN-WÜRTTEMBERG)

Hanfpionier Bernd Frank hat bereits 1996, im Jahr der Wieder-Legalisierung des Nutzhanf-Anbaus, mit der BAFA GmbH die erste deutsche Hanffaseraufbereitung gegründet, die Hanfstroh zu Fasern und Schäben aufbereitet. Gemeinsam mit Götz Landtechnik, Deutz-Fahr und der Landesanstalt für Pflanzenbau wurde im Jahr 2000 ein Hanfvollernter entwickelt, von dem bereits 20 Stück im Einsatz sind. Diese Erntemaschine kann zur Lohnernte auch angemietet werden. Die BAFA nimmt Vertragsbauern auf, handelt sowohl mit Saatgut als auch mit Verarbeitungsprodukten und betreibt in Frankreich eine eigene Produktionsanlage. Die Firma arbeitet aktiv an Produktentwicklungen aus Fasern und Schäben, etwa der Thermo-Hanf-Matte oder spritzgussfähigen Hanffaser-Polypropylen-Pellets und nimmt an EUREKA-Forschungsprogrammen teil.

Bernd Frank bereitet Nutzhanf seit 1996 ganzheitlich auf und gilt als Hanfpionier in Deutschland. Foto: Hempartis

Almut Frank leitet die 2018 gegründete Tochterfirma „Hempartis", die sich intensiv mit industriellen Nutzhanfextrakten (Cannabidiol und Cannabigerol) beschäftigt.

VERWENDUNG

WURZEL

Hanf ist für seine berauschenden Blüten und seine faserhaltigen Stängel bekannt. Doch auch Hanfwurzeln werden bzw. wurden in der Medizin schon lange verwendet. So wird schon im chinesischen Kräuterbuch „Shennong pên Ts'ao ching" um 2700 v. Chr. eine Paste beschrieben, die aus einer getrockneten und gemahlenen Hanfpaste besteht, und Schmerzen nach Knochenbrüchen und Operationen linderte. Oft wurden die Wurzeln auch zerkleinert, um frischen Saft zu gewinnen oder auch um einen Sud zu machen.

Die Hanfwurzeln wurden im alten China auch – getrocknet, gemahlen und geröstet – zusammen mit Bambuswurzeln, Kiefernharz und anderen Substanzen als Schießpulver verwendet.

Griechische und römische Ärzte verwendeten rohe wie auch gekochte Hanfwurzeln, mitunter mit Taubenkot vermischt. Im angloamerikanischen Raum und in Argentinien wurde bis ins 20. Jahrhundert mit Sud und Umschlägen aus Hanfwurzeln kuriert, in Indien wird das heute noch praktiziert. In Korea wird – ebenso wie in den Vereinigten Staaten – Hanfwurzeltee getrunken. Die Hanfwurzel kommt aber auch bei Kosmetikprodukten zum Einsatz.

Die Wurzeln der Hanfpflanze bestehen aus verschiedenen Zuckerarten und Lipiden, aber auch aus Cannabinoiden, Terpenen und Alkaloiden. In geringen Dosen kommen auch Cholin, das als Nährstoff die Zellmembranen stärkt und den Neurotransmitter Acethylcholin bildet, sowie Atropin, das die Augenmuskulatur entspannt, vor.

Die Cannabinoide sind aber im Vergleich zu den Blüten und Blättern, abhängig von der Sorte und den Wuchsbedingungen, nur in Spuren vorhanden. Allerdings befinden sich im Ethanolextrakt aus Hanfwurzeln die Terpene Friedelin und Epifriedelanol, denen krebshemmende Eigenschaften zugesprochen werden. Die Alkaloide Piperidin und Pyrrolidin, die auch in Stängeln, Samen, Pollen und Blättern enthalten sind, werden in Arzneimitteln, die auf die Psyche wirken, verwendet. Sie können jedoch in hohen Dosen die Leber schädigen und die Magenschleimhaut reizen. Daher soll Hanfwurzeltee über längere Zeit nur in Maßen getrunken und Hanfwurzelextrakt nicht unverdünnt eingesetzt werden.

VERWENDUNGSMÖGLICHKEITEN DER HANFPFLANZE
(vereinfacht nach Karus, 1995)

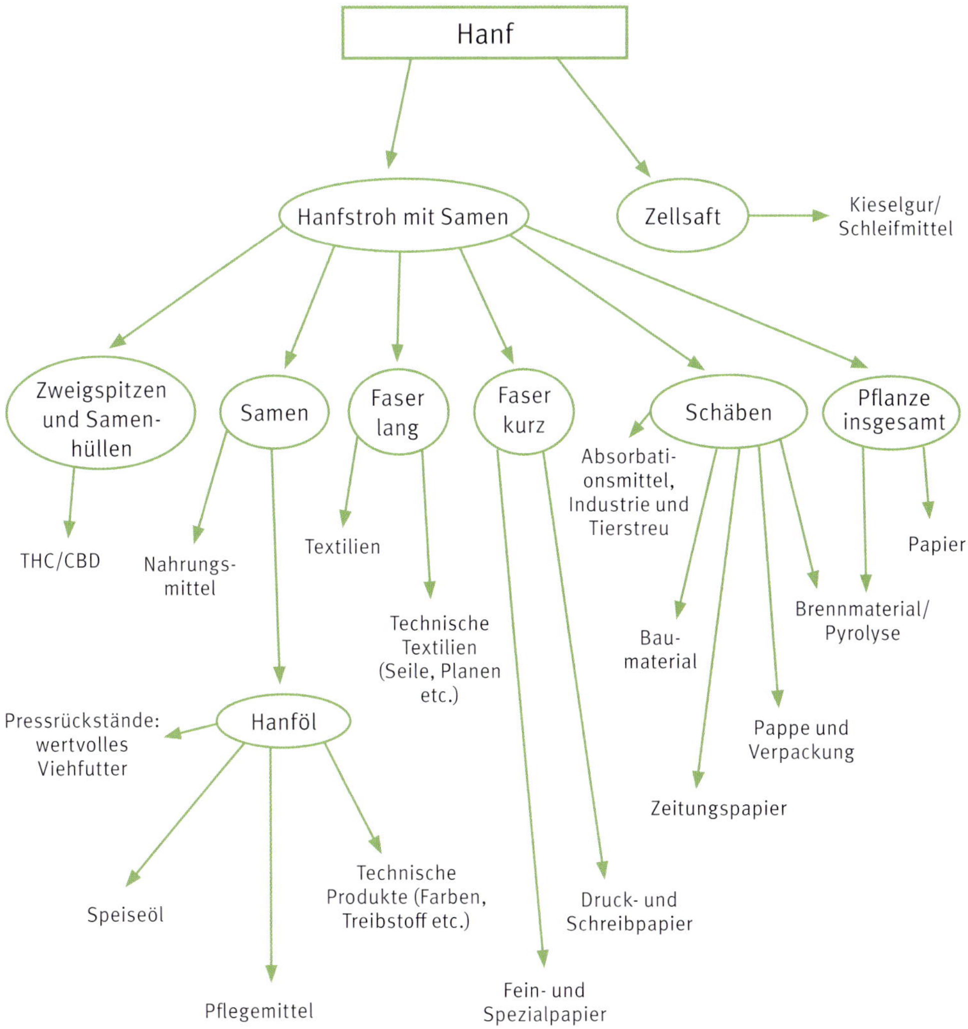

Grafik: Werbeagentur Rypka

Auch heute werden getrocknete und gemahlene Hanfwurzeln als Grundlage für Kosmetika oder Tee verwendet. Dazu werden die (Bio-)Hanfwurzeln zunächst gut gesäubert und von der Erde befreit, anschließend geschnitten und zerstoßen. Will man einen Tee zubereiten, wird nun eine kleine Menge davon mit heißem Wasser aufgegossen. Allerdings schmeckt die Hanfwurzel eher bitter. Für einen besseren Geschmack kann man auch – wie vor allem in den USA praktiziert – Zimtrinde oder Anis hinzufügen und gemeinsam aufkochen.

Basis für Kosmetika: Die Wurzelmasse wird zuerst getrocknet, danach zerkleinert und zu einem groben Pulver zermahlen. Anschließend wird das Pulver zusammen mit Öl und Wasser langsam bis zu zwölf Stunden lang bei geringer Temperatur schonend erhitzt. Dabei lösen sich die flüchtigen Verbindungen mit den Terpenoiden und Cannabinoiden im Öl auf. Dabei darf das Gemisch nicht austrocknen. Nach dem Kochen kommt die abgegossene Flüssigkeit in den Kühlschrank. Wenn das Wasser gefriert, steigen die ätherischen Öle an die Oberfläche. Sie lassen sich dann gut abschaben, da sie bei dieser Temperatur meist wachsartig sind. Will man eine streichfähigere Konsistenz erhalten, kann man auch Bienenwachs zugeben. Anschließend kann man es zu kosmetischen Produkten wie Cremes und Salben geben.

Wurzeltinktur

Will man eine Wurzeltinktur ansetzen, wird die Hanfwurzel in hochprozentischen Alkohol eingelegt. Daraus kann man Hanfwurzeltee zubereiten. Dabei werden zuerst die Hanfwurzeln gründlich gesäubert, dann kleingeschnitten und zu einem feinen Pulver zermahlen. Sind sie vollständig getrocknet, kocht man zur Teezubereitung dann eine kleine Menge davon in einem Liter Wasser auf.

STÄNGEL UND FASERN

Ein Teil der Stängel kann als Futtermittel verwendet werden. Der verholzte Teil, also die Hanfschäben, wird als Einstreu verwendet. Durch die Röstung wird das Hanfstroh in ein Drittel Fasern und zwei Drittel Schäben getrennt. Durch die Standröste entstehen sehr feine Fasern. Durch die hohe Qualität bieten sich viele Verwendungsmöglichkeiten in der Textilindustrie an. Allerdings übersteigt derzeit noch das Angebot die Nachfrage.

Hanf produziert auf der gleichen Fläche zwei-bis dreimal soviel Fasern wie Baumwolle. Hanffasern eignen sich besonders für lange haltbares Papier, für Dämmstoffe und auch für Verbundwerkstoffe. In der Autoindustrie werden Hanffasern heute unter anderem in Türverkleidungen und Dachhimmeln eingesetzt.

Textilien

Für die Gewinnung von Textilfasern wird Faserhanf verwendet. Die Pflanze muss für die Fasergewinnung unreif geerntet werden. Die Hanffaser ist eine Bastfaser und eine grobe, robuste und dauerhafte Naturfaser. Hanffasern zeichnen sich durch ihre lange Haltbarkeit und hohe Reißfestigkeit aus. Außerdem sind sie wasserabweisend. Eines der bekanntesten Hanf-Textilerzeugnisse ist die Original Levi's Jeans. Levi Strauss

Mit einem Dekortikator werden die Stängel entholzt. Diese Maschine des belgischen Herstellers CRETES wird in der Vorbereitung von Hanf für technische Anwendungen verwendet, weil die Fasern ungeordnet herauskommen.
Foto: CRETES, Belgien

Hanffasern sind Hohlfasern, die vielseitig einsetzbar sind. Foto: Riemelmoser

fertigte diese strapazierfähige Hose ab 1873 für Goldgräber und Cowboys. Mit der Einführung von Baumwolle im 20. Jahrhundert erfolgte eine Wende. Baumwolle war billiger und einfacher zu verarbeiten als Hanf. Baumwolle und Polyester haben eine größere Elastizität und Feinheit als die Hanffaser. Mit den zu dieser Zeit aufkommenden synthetischen Stoffen wurden die Hanfprodukte vom Markt verdrängt.

Bis in die 1960er Jahre war in Europa die Textilnutzung vorherrschend. Das Ernteverfahren bestand aus dem Mähen und Schneiden der gesamten Pflanze, dem händischen Binden und dem Aufstellen der Garben für die Lufttrocknung. Das war aber sehr arbeitsintensiv und wurde schließlich, auch wegen dem Aufkommen von Baumwolle, nach Asien verlagert.

Will man heute Hanf zu einem feinen Garn umwandeln, das auf empfindlichen Hochleistungsspinnmaschienen verarbeitet werden kann, ist dies aufwendig. Es muss eine sogenannte Cottonisierung erfolgen. Das erfordert eine aufwendige chemisch-physikalische Bearbeitung der Hanffaser. Darum wird Hanf in der Textilindustrie heute verhältnismäßig wenig verwendet, da er aufgrund der dafür erforderlichen Produktionskosten im Vergleich zu anderen Stoffen eher teuer ist. Dabei hat Hanf erstaunliche Eigenschaften.

Hanf ist eine sehr starke Hohlfaser, bis zu achtmal stärker als das ebenfalls sehr strapazierfähige Leinen. Nur Spinnenseide ist noch stärker. Die Lebensdauer von Hanf ist die längste aller Naturfasern. Bezüglich ihrer Verwendung sind Hanf- und Leinenfasern grundsätzlich austauschbar. Beide sind atmungsaktiv, werden durch Handhabung weich und geschmeidig und lassen sich leicht falten. Der Unterschied zwischen Hanf- und Flachsfasern lässt sich nur unter dem Mikroskop feststellen. Die Fasern können jedoch auch durch die Richtung unterschieden werden, in die sie sich beim Benetzen drehen: Hanf dreht sich gegen den Uhrzeigersinn, Flachs im Uhrzeigersinn. Hanf hat ein Flüssigkeitsspeichervermögen

Händisch werden die Hanffasern für das Verspinnen mit dem Hechel vorbereitet. Foto: Hanfland

von rund zwölf Prozent, geringfügig höher als Leinen (zehn bis zwölf Prozent). Hanf (und auch Leinen) haben Hohlfasern, sie sind natürliche Isolatoren, die im Sommer kühl und im Winter warm sind.

Beide Fasern haben antibakterielle Eigenschaften, werden mit jedem Waschen weicher und heller, sind resistent gegen Motten und andere Insekten. Sie nehmen leicht Farbstoffe auf und werden biologisch abgebaut. Hanf ist andererseits sehr widerstandsfähig gegen Fäulnis, Schimmel, Salzwasser und auch gegen ultraviolettes Licht, so dass er im Sonnenlicht nicht verblasst oder sich zersetzt. Andererseits ist die elastische Erholung von Hanf sehr schlecht (auch geringer als bei Leinen), er dehnt sich weniger aus als jede andere Naturfaser. Durch den Zusatz von Lycra® kann mittlerweile dehnbarer Hanf (bezeichnet als H-EMP) hergestellt werden.

Hanfstoffe sind gelblich-grau bis dunkelbraun, Flachs hat eine gelbliche bis graue Farbe.

Ein einfaches Erkennungsmerkmal die Länge der Fasern. Im Allgemeinen sind Hanffasern länger als Flachs. Sie variieren zwischen 120 und 210 Zentimeter Länge, während Leinenfasern etwa 45 bis 90 Zentimeter lang sind.

Außerdem ist Hanf hautfreundlich, hypoallergen und absorbiert durch seine dicht miteinander verbundenen Fasern den Großteil der UV-Strahlung. Da Hanffasern dieselbe mikroelektrische Spannung wie die menschliche Haut aufweisen, lässt sie einem nicht alle Haare zu Berge stehen. Aus Baumwollfasern kann man nach einem relativ einfachen Aufbereitungsprozess Garn herstellten. Da Hanf eine Bastfaser ist, geht das nicht so einfach. In den Stängeln sind Fasern und holzige Bestandteile mit Mehrfachzuckern verbunden, die als Klebstoff wirken. Um an die Fasern heranzukommen, muss dieser gelöst werden. Dies kann durch die Röste funktionieren, wie man es bereits vor 100 Jahren machte. Dabei werden die Pflanzen abgeschnitten und auf dem Feld liegengelassen. Durch den Tau bilden sich Bakterien, die den Mehrfachzucker zersetzen. Dieses Verfahren bezeichnet man auch als Tauröste. Die übrig gebliebenen Fasern können aufgenommen und versponnen werden. Will man feine Garne und nicht nur Dämmstoffe oder Polstermaterial herstellen, benötigt man eine möglichst lange Stapellänge. Die Stapellänge bezeichnet die Länge der längsten Faser. Je länger sie ist, umso reißfester wird das Garn. Die Stapellänge von Baumwolle liegt je nach Anbaugebiet und Sorte zwischen 22 und 38 Millimetern. Hanffasern haben eine Länge zwischen 15 und 55 Millimterund im Vergleich zu Baumwollfasern eine neunfache Reißstärke.

Hanffasern lassen sich gut verspinnen, doch die Fasern müssen erst durch Röstung gelöst werden. Foto: Riemelmoser

In Ländern, in denen es keinen Tau gibt, wie z. B. Kasachstan, wird nun versucht, diesen durch Frost zu ersetzen. In Versuchen werden die Hanfpflanzen nach dem Verblühen auf dem Acker stehen gelassen und dem sehr kalten, aber meist auch trocken und sonnigen Winter ausgesetzt, so dass der Frost die Aufgabe des Taus übernimmt.

Hanfkleidung ist sehr widerstandsfähig, kühlt im Sommer, wärmt im Winter, ist schweißabsorbierend, schadstofffrei, bietet einen angenehmen Tragekomfort und besitzt einen natürlichen Schutz gegen ultraviolette Strahlung. Zudem eignen sich Hanfschuhe und Hanfkleidung auch für Vegetarier und Veganer, denn Hanf ist definitiv kein tierisches Produkt.

Für schwerere Stoffe, aus denen man Hosen, Röcke, Jacken, Schuhe, Taschen, Beutel und Rucksäcke herstellt, ist Hanf bereits jetzt eine umweltfreundliche Alternative. Und durch die zuvor aufgezählten positiven Eigenschaften eignet sich die Hanffaser optimal für Arbeitsbekleidung und Outdoor-Bekleidung.

Eine weitere Verwendungsmöglichkeit könnte auch die Herstellung von Viskose aus Hanf sein. Viskose wird künstlich aus Zellulose hergestellt.

Diese Zellulose besteht aus Holz von Buchen, Pinien, Fichten oder Eukalyptus und wird mithilfe von verschiedenen Chemikalien so bearbeitet, dass eine zähe Masse entsteht. Auch die Verwendung von Hanfstängeln könnte dafür in Frage kommen.

INFO! Hanf im Märchen: Der Gerber Kirilo

Hanftextilien schützen sogar vor Drachen, davon erzählt ein Märchen aus der Ukraine mit dem Titel „Der Gerber Kirilo“. Dicht vor den Toren von Kiew lebte einst ein böser Drache, der jedes Jahr ein Kind als Opfer forderte. Um ihn zu besiegen, forderte der Gerber Kirilo Koshemjakin vom Fürsten zwölf Fässer Pech und zwölf Fuhren Hanf. Kirilo umwickelte sich mit Hanf, verklebte alles mit Pech und stellte sich dem Drachen entgegen. Dieser versuchte Kirilo mit den Zähnen zu packen und zu zerfleischen, jedoch riss er ihm nur einen Fetzen Hanf heraus. So konnte Kirilo den Drachen töten und Kiew vom Drachen befreien. Seit damals heißt das kleine Wäldchen am Dnepr, wo der Gerber Kirilo Koshemjaki wohnte, „Koshemjaki“.

Hanf ist besonders für seine Strapazierfähigkeit bekannt und kann sowohl zur Herstellung von Kleidung als auch von Seilen und Tauen verwendet werden. Foto: Riemelmoser

Segel und Taue

Schon die Segel, Taue und Takelage phönizischer Handelsschiffe und römischer Galeeren waren aus Hanf. Bereits im 17. Jahrhundert war Hanf in der Schifffahrt als Material sehr beliebt. Für jedes Schiff der Flotte der niederländischen Handelshäuser (VOC) wurden damals 50 bis 100 Tonnen Hanf verwendet. Hanf wurde mit Teer behandelt und zur Abdichtung der Nähte zwischen den Brettern des Schiffrumpfes verwendet. So wurde das Schiff wasserdicht gemacht. Dieser Prozess wird auch kalfatern genannt. Segel, Flaggen, Seile und auch Uniformen wurden aus den Fasern der Hanfstängel hergestellt. Doch waren die Verarbeitungsprozesse damals noch sehr arbeitsintensiv. Außerdem lösten die Dampfmaschinen die Segelschiffe vielfach ab.

Heute noch wird Hanf gerne für die Herstellung von Seilen verwendet. Durch die relativ langen Einzelfasern wird eine hohe

Geschlagene Hanfseile sind im Gegensatz zu geflochtenen gleichmäßiger und widerstandsfähiger. Foto: Riemelmoser

Bruchlast erreicht. Je länger die Fasern sind, desto reißfester ist auch das Seil. Hanf ist das reißfesteste Naturmaterial und um bis zu 20 Prozent reißfester als Flachs. Auch ist ein Hanfseil im feuchten Zustand noch griffig. Vorteilhaft für die Schifffahrt ist auch, dass ein Hanfseil unter Wasser nur langsam fault. Gegenüber Lein besitzt Hanf eine größere Dauerhaftigkeit gegenüber Nässe. Zwar besteht die Hanffaser sowie Lein aus Zellulose und Hemizellulosen, es ist aber zusätzlich auch Lignin, also Holzstoff, eingelagert. So kann man auch im 1927 veröffentlichten Buch „Technologie der Textilfasern“ von Herzog (Hrsg.) nachlesen, dass Hanf „eine der stärksten und dauerhaftesten Langfasern des Handels” liefert.

INFO! Sprichwort:

„Der Hanf wächst schon für dich“
Der Ausspruch „The hemp is growing for you“, also „der Hanf wächst schon für dich“, bedeutete in der elisabethinischen Zeit (16. Jahrhundert), dass die angesprochene Person den Tod durch Erhängen am Galgen riskiert, so sie ihr Verhalten nicht ändert. Hanf wurde oft mit der Schlinge des Galgens in Verbindung gebracht, da das Seil früher aus Hanf gefertigt wurde. So erwähnt auch Shakespeare in „Das Leben des Henry IV.“ Hanf als Material für den Galgen, nämlich „Let gallows gape for dog, let man go free, and let no hemp his windpipe suffocate.“ Was soviel bedeutet wie: Lass den Galgen für den Hund klaffen, lass den Mann frei, lass Hanf ihn nicht ersticken.

In Deutschland wurde Hanf mit langen Fasern für die Reepschlägerei zumeist aus Russland und den baltischen Ländern importiert. So war den Reepschlägern sogar vorgeschrieben, wieviel Hanf zu einem Seil mit bestimmter Länge versponnen werden musste. Reepschläger stellten schweres Seilwerk für die Schifffahrt her, während Seiler kurze, dünne Seile für die Landwirtschaft herstellten. Sie verwendeten Hanf aus dem Binnenland.

Die Art der Seilherstellung ist bis heute ziemlich unverändert. Einzelne Fasern werden zu Fäden gesponnen und daraus werden Litzen gefertigt. Aus diesen werden dann Seile geflochten oder „geschlagen“, d. h. sie werden gedreht. Während sich geschlagene Seile wenig dehnen und daher bei statischen Belastungen gefragt sind, sind geflochtene Seile besonders elastisch. Das geschlagene Seil ist gleichmäßiger und widerstandsfähiger und dreht sich nicht so schnell auf wie ein geflochtenes Seil.

Spinnen und Schlagen fanden auf der Seiler- oder Reeperbahn statt. Die Bahn ist ein schmaler langer Platz mit einer Länge von 80 bis 300 Meter. Im Mittelalter lagen diese Bahnen oft an der Stadtmauer, da es da genug Platz sowie Schutz vor der Witterung gab. Auf der Hamburger Reeperbahn – die nun anderen Zwecken dient – hatten im 17. und 18. Jahrhundert 24 Reepschläger auf einer Länge von 300 Metern ihre Bahnen.

Auf der einen Seite der Bahn war das Seilgeschirr, ein Gerät mit drei oder vier drehbaren Haken, sogenannten Warbeln. Gegenüber am anderen Ende der Bahn war der bewegliche Schlitten mit einem Haken. Das gleich lang gesponnene Garn wurde zwischen den Haken am Seilgeschirr und dem Haken am Schlitten ausgespannt. Das Garn musste um etwa ein Drittel weiter ausgespannt werden, da es ja durch die Verarbeitung kürzer wurde. Durch die Verkürzung des Seiles musste sich der Schlitten auf das Geschirr zu bewegen. Da Hanfseile schwer entflammbar sind, werden sie auch gerne in der Raumausstattung, z. B. als Geländer bei Stiegenaufgängen und für Schmuckelemente verwendet.

TIPP! Putz- oder Spülschwamm aus Hanf

Foto: Riemelmoser

Zubehör: ca. 30 Meter Hanfschnur (1,5 bis 2,5 Millimeter dick) und eine Häkelnadel (Stärke der bis vier)

Verarbeitung:

1. Eine acht Zentimeter lange Luftmaschenkette mit ca. zwölf Luftmaschen und das 30 Reihen bzw. 19 Zentimeter lang mit festen Luftmaschen häkeln.
2. Danach das gehäkelte Rechteck zusammenlegen und an zwei Seiten mit Kettmaschen zusammenhäkeln.
3. Danach die entstandene Tasche umstülpen und mit Stoffresten befüllen bis sie leicht ausgepolstert ist.
4. Danach die letzte Seite des rechteckigen Spülschwamms mit Kettmaschen verschließen.
5. Zuletzt eine Lasche zum Aufhängen des Schwamms mit 16 Luftmaschen hin und 16 festen Maschen zurück häkeln und das Ende der entstandenen Kette mit zwei bis drei Kettmaschen am Anfang zu einer Schlaufe befestigen
6. Alle Fadenenden vernähen und abschneiden.
7. Um den Putzschwamm keimfrei zu machen, kann man den feuchten Schwamm für ca. 30 Minuten in den auf 70 bis 80 Grad Celsius vorgeheizten Backofen geben. Man kann ihn aber auch für fünf Minuten in kochendes Wasser legen und ihn anschließend gut trocknen lassen oder in der Waschmaschine bei 60 oder 90 °C mitwaschen.

Dichtungen

Auch als Dichtstoff findet Hanf Verwendung, weil er sich bei Nässe etwas ausdehnt und das Wasser sich nicht durchzieht. Wird der Spalt fest mit Hanffasern ausgefüllt, z. B. beim Wasserrohr mit Schraubgewinde, quellen die Hanffasern durch die Nässe etwas auf. Dabei dichten sie sogar den kleinsten Spalt ab. Weil die Fasern bei Nässe beständig sind, bleibt es über Jahrzehnte dicht. Hanf besitzt selbst eine Dichte von 1,48 Gramm pro Kubikzentimeter.

Außerdem ist Hanf hitzebeständig bis zu 260 Grad Celsius, was vor allem beim Verschweißen eine große Rolle spielt und verzeiht mehr Fehler als z. B. Teflon. Denn bei schlechter Handhabung ist die Wahrscheinlichkeit einer Leckage oder eines Durchsickerns aus der Verschraubung während der Inbetriebnahme mit Teflon viel größer als bei Hanffasern.

Bei der Umwicklung sollen nur so viele Fasern gewählt werden, wie sich in das Gewinde hinein wickeln lassen. Zur besseren Fixierung auf einem leicht aufgerautem Gewinde werden sie quer mit ca. 15 Zentimeter Überstand gelegt. Nach zwei bis drei Umwicklungen wird der quer liegende Faserstrang mit dem anderen genommen und weiter eingewickelt. In den ersten Runden sind weniger Hanffasern im Gewinde und so kann man diese ersten Runden leicht aufschrauben und hat danach den nötigen Halt, um mit richtigem Werkzeug den Rest anzuziehen. Im Gegensatz zu Tefon kann Hanf wieder zurückgewickelt werden.

Undicht wird der Hanf jedoch, wenn er gegen die Laufrichtung des Gewindes aufgewickelt wird. Dann löst er sich, verknotet und führt zu Lecks.

Dämmstoff

Auch als Dämmstoff hat Hanf großes Potenzial. Hanffasern und Schäben sind sehr leicht. Durch Brechen und Walzen der Stängel werden die Hanffasern vom Rest der Pflanzen getrennt. Je nach Länge der so gewonnenen Faser entstehen aus ihnen grobe Vliese oder feinster Zellstoff. Weiters haben sie eine enorme Zugfähigkeit und sehr gute Dämmeigenschaften. Daher wird Hanf gerne zur Wärmedämmung und zum Schall- und Brandschutz eingesetzt. Hanffasern werden auch für die Herstellung von Verbundwerkstoffen genutzt. Sie sind dabei im Unterschied zu Glas- und Carbonfasern günstiger und lassen sich rückstandsfrei verbrennen. So kommen sie z. B. in der Automobilindustrie zum Einsatz, wo sie für die Innenverkleidung bei Türen und Instrumententafeln verbaut werden.

Bei einer Dämmung aus Hanf ist Schimmel im Regelfall kein Problem. Denn die offenen Poren der Hanffasern nehmen Feuchtigkeit auf und geben diese beim Trocknen wieder ab. Werden jedoch in der Aufbereitung andere Materialien beigemischt, kann diese Unempfindlichkeit gegen Schimmelpilze sinken.

Ein Kalafterband, auch Hanf-Dichtungsband genannt, dient dem luftdichten Verschließen von Fugen und Anschlüssen, da sich die Faser bei Wasserkontakt etwas ausdehnt. Foto: Hanfland

Wie auch bei anderen Anwendungen stehen Hanfprodukte im Wettbewerb mit den immer noch kostengünstigeren petrochemischen Erzeugnissen. In diesem Fall ist das billige Polystyrol der Konkurrent. Trotz aller politischen Lippenbekenntnisse zu einer nachhaltigeren, klimafreundlichen Wirtschaftsweise hat das billige Erdölprodukt noch immer die Nase vorn.

Energie

Man kann aus Hanf, wie auch bei fossilen Brennstoffen, durch Pyrolyse, also durch thermische Zersetzung, Energie gewinnen. Hanfstroh hat ca. den gleichen Heizwert wie Holz, Torf oder Braunkohle.

Forschungen zur Energiegewinnnung aus Hanf stehen noch am Anfang. So hat das französische Unternehmen „Qairos Energies“ knapp 19 Millionen Euro in eine Produktionsanlage in Frankreich investiert, die aus regional angebauten Hanfpflanzen Wasserstoff und Methan gewinnt. Dabei werden Hanfpflanzen durch einen Verga-

Hanf eignet sich als nachhaltiger Dämmstoff beim Hausbau. Foto: Hanfland

sungsprozess umgewandelt, bei dem die Hanf-Biomasse zermahlen und hohen Temperaturen ausgesetzt wird, um die Stoffmasse in Methan, Wasserstoff und Kohlenstoffdioxid (CO_2) umzuwandeln.

Ein neues deutsches Forschungsprojekt unter der Koordination des Deutschen Biomasseforschungszentrums zusammen mit „Hanffaser Uckermark eG" will Reststoffe aus der Hanfverarbeitung in den Kreislauf bringen. So fallen z. B. im Dämmstoffherstellungsverfahren neben dem Hauptprodukt Hanffasern zellulosehaltige Reststoffe an, die momentan nur zu einem geringen Teil wirtschaftlich genutzt werden und entweder vergoren, vergast oder verbrannt werden könnten.

Nutzbare Endprodukte wären Biogas bzw. Biomethan, Wärmeenergie, Prozesswärme, Synthesegas oder Gärrestprodukte. Im Forschungsprojekt „HanfNRG" werden energetische Nutzungsoptionen von Reststoffen der Hanfverarbeitung für die Einbindung in das Energiekonzept einer Hanffaserfabrik untersucht.

SCHÄBEN

Schäben sind ein Nebenprodukt der Fasererzeugung, nämlich die gleichmäßig gebrochenen, holzähnlichen Teilchen aus der Kernröhre des Stängels, der von Fasern umhüllt ist. Sie fallen bei der Entholzung, der sogenannten Dekortikation, des Pflanzenstängels an und haben eine Länge zwischen unter einem bis zu wenigen Zentimetern. Die länglichen Hanfschäben machen rund 60 Prozent des Stängels aus. Der Wassergehalt trockener Hanfschäben liegt unter zehn Prozent, sie können bis zum Vierfachen ihres Gewichts an Feuchtigkeit aufnehmen.

Schäben sind die verholzten Pflanzenteile, die für die Stabilität der Pflanze sorgen. Sie werden beim Faseraufschluss als Nebenprodukt gewonnen und zu Hanfschäben verhäckselt.

Hanfschäben besitzen eine sehr hohe Saugfähigkeit und nehmen Gerüche schnell und effektiv auf. Getrocknete Hanfschäben können bis zu 400 Prozent ihres Eigengewichts an Feuchtigkeit aufnehmen. Sie sind auch staubarm und weniger anfällig für Schimmelbefall als z. B. Getreidestroh, was zu einer Verbesserung der Raumluft im Stall beiträgt. Da die Hanfpflanze ohne Pflanzenschutzmittel auskommt, sind auch die Schäben frei von Pestizidrückständen und sind gut kompostierbar.

Hanfschäben fallen in fünf Fraktionen bzw. Qualitäten an: 30 bis 40 Prozent gröbere dunklere Schäben, 30 bis 35 Prozent kleinere fast faserfreie helle Schäben, zehn bis 15 Prozent kleine Schäben, fünf bis zehn Prozent Staub und Faserreste und etwa gleich viel Abfall.

Die wertvollsten Schäben sind hell und elfenbeinfarbig. Diese Farbe kann sich durch Schimmelbefall und durch eine Überröstung bis ins dunkelgrau verschieben.

Gereinigte und entstaubte Schäben werden als Tiereinstreu, Gartenstreu bzw. Hanfmulch verwendet, vorbehandelte als Torf-Ersatz für Blumenerde. Größere kommen vor allem in der Pferdehaltung vor, kleinere können für Kleintiere und sehr kleine für Geflügel eingesetzt werden. Pelletiert werden Hanfschäben auch als Katzenstreu genutzt. Selbst die zellulosereichen Faserreste und Stäube werden zum Strecken von Futtermitteln und die Abfälle als organische Dünger oder – zu Pellets gepresst – als Brennstoff verwendet.

Aus Schäben werden aber auch Leichtbauplatten und Dämm-Schüttgut (oft gemischt mit Bitumen und Kork) hergestellt. Die hohe Elastizität der Hanfschäben prädestiniert sie für Trittschallplatten.

Hanfmulch

Hanfmulch kann auch wie der bekannte Rindenmulch verwendet werden. Er ist farblich heller und enthält keine Gerbstoffe. Er ist pH-neutral und versäuert daher den Erdboden nicht und ist auf diese Weise für z. B. Rosen besser geeignet. Auch in der Anwendung ist Hanfmulch sparsamer und muss nur dünn auf die Beete und rund um die Pflanzen aufgebracht werden. Hanfmulch kann auch als Torf-Ersatz verwendet werden. Er ist sehr leicht und vertorft innerhalb

Hanfschäben eignen sich gut als Einstreumaterial oder zum Mulchen, da sie bis zu 400 Prozent des Eigengewichts an Feuchtigkeit aufnehmen
Foto: Hanfland

eines Jahres. Es entsteht ein „Torf-Ersatz“, wobei dem Boden während der Zersetzung eine gewisse Menge Stickstoff entzogen wird, allerdings wesentlich weniger als beispielsweise bei Rindenmulch.

Außerdem mögen Schnecken Hanfmulch nicht, da er auch nach Regen trocknend wirkt und die Schnecken zu sehr ausschleimen. Zwar mögen sie auch keine scharfkantigen Holz-Hackschnitzel, doch dieser Mulch entzieht dem Boden beim Zersetzen Nährstoffe wie Stickstoff, was bei Hanf nicht passiert.

Auch im Garten- und Landschaftsbau ist Hanfmulch gut zu gebrauchen, da er wärmebildend ist und eine hohe Wasserspeicherungsfähigkeit besitzt und man dadurch weniger gießen muss. Und dies wird – Stichwort heiße Sommer – immer mehr von Bedeutung.

Papier

Schäben sind Hanfstängel, die aus Fasern und einem holzigen Innenkern bestehen. Die darin enthaltene Zellulose eignet sich gut zur umweltfreundlichen Herstellung von Papier.

Die Basis für Hanfpapier ist ein Gemisch aus gepresstem Hanfzellstoff, Kreide, Kartoffelstärke und Wasser. Da die Fasern aus Hanf länger sind als Fasern aus Holz, neigen sie bei der Produktion zum Verspinnen und haben eine niedrigere Qualität. Oft werden Hanffasern auch mit anderen Fasern gemischt, wie z. B. Lokta (Rinde des Daphnestrauches aus Nepal), Kozo (Papiermaulbeerbaum) oder Holzzellstoff.

Theoretisch kann auf einem Hektar Hanf über 20 Jahre hinweg so viel Papier produzieren wie auf vier bis zehn Hektar Wald. Außerdem sind Hanfstiele in fünf Monaten reif und brauchen nicht unbedingt giftige Chemikalien für die Bleiche.

Hanfpapier ist wesentlich haltbarer als säurehaltiges Papier aus Zellstoff, das nach und nach zerfällt. Der Ligninanteil ist wesentlich geringer als bei Holzzellstoff. Während die Gutenberg-Bibel aus Hanfpapier immer noch unversehrt ist, fürchten Bibliothekare und Archivare den vor einem Jahrhundert begonnenen Einsatz von Holzpapier. Dieses zerfällt in weniger als 100 Jahren und muss aufwendig konserviert werden. Und obwohl 0,4 Hektar Hanf gleich viel Zellstoff liefern wie 1,66 Hektar Holz, hat sich letzteres dank teils skrupellosen Lobbyings amerikanischer Industrieller als Rohstoff für die Papierindustrie durchgesetzt. Allerdings hat Papier aus Hanf viele Vorteile. Bücher aus Hanfpapier sind langlebiger und stabiler. Auch ist es von Natur aus heller als Holzfaser und muss nicht gebleicht werden und vergilbt auch nicht. Durch die Länge der Hanffasern, nämlich vier- bis fünfmal so lange wie Holzfasern, haben sie eine höhere Zug-, Reiß- und Nassfestigkeit. Sie können daher auch bis zu achtmal recycelt werden.

Erst im 13. Jahrhundert kam Hanfpapier nach Europa. Bis 1883 wurden zwischen 75 bis 90 Prozent des weltweit produzierten Papiers aus Hanffasern hergestellt. Wurden Banknoten zuvor aus Papier oder dünnem Stoff hergestellt, waren in Schweden Banknoten 1661 zum ersten Mal aus einem Gemisch aus Baumrinde, Hanf und Stoffresten, was die Banknoten stabiler und reißfester machte.

Eines der bekanntesten Druckwerke auf Hanfpapier ist die Gutenberg-Bibel aus dem Jahr 1455.

INFO! Kurze Geschichte des Papiers

Tsai Lun gilt als Erfinder des Papiers. Er wurde um das Jahr 50 n. Chr. in der heutigen Provinz Hunan in China geboren. Zu jener Zeit wurden Bücher aus zusammengebundenen Bambusbrettchen und Seide hergestellt. Dies war aber sehr teuer. Bei der Seidengewinnung fällt beim Kochen der Seidenraupen-Kokons Flockseide, die äußere, wirre Fadenschicht, an. Die zurückbleibende Fasersuspension wurde dann herausgeschöpft, gepresst, getrocknet und zum Beschreiben genutzt. Dieses „Papier" war aber zu weich und hatte keine gute Qualität. Doch dann begann man Hanffasern nach der gleichen Methode aufzubereiten und es entstand festes Papier. In der frühen Han-Dynastie (180 bis 50 v. Chr.) wurde das bisher älteste Hanfpapier gefunden.

Tsai Lun beschreibt zum ersten Mal ein Verfahren zur Papierherstellung. Dabei wird aus Fasern des Maulbeerbasts, Baumrinden, Hanffasern, Textilabfällen, Resten von Fischernetzen und Hadern durch Stampfen in Steinmörsern und unter Zugabe von Wasser ein Brei erzeugt, der dann mit einem Sieb geschöpft, gepresst, an der Sonne getrocknet und mit Steinen geglättet wird. Das Papier hatte damals noch eine eher raue Oberfläche und hatte Ähnlichkeit mit Filz.

Ab dem Ende des 19. Jahrhunderts wurde die Papierproduktion aus Holz zusehends billiger und löste Hanf ab. Ein Grund dafür liegt in den deutlich höheren Herstellungskosten, da die Verarbeitungstechnologien für Hanf in den letzten 50 Jahren nicht weiterentwickelt wurden. So lässt sich Hanfzellstoff zwar leicht mahlen, aber in der Papiermaschine schwer entwässern.

Heute werden Hanffasern eher nur für die Herstellung von speziellen Papieren, wie Banknoten oder selten für Zigarettenpapier, verwendet. Für die Papiererzeugung werden sowohl Hanfschäben als Holzersatz als auch Hanffasern als Verstärkung des Papiers verwendet.

Zigarettenpapier und spezielle Zellstoffprodukte wie Papier für Teebeutel, Banknoten in Japan, Wursthüllen und industrielle Filter aus Manilahanf bestehen aber nicht aus der herkömmlichen Hanfpflanze (*Cannabis sativa*), sondern aus Abacà (*Musa textilis*). Diese Pflanze, auch Manilahanf, Bananenhanf oder Musahanf genannt, ist eine Pflanzenart in Ostasien aus der Gattung der Bananen und wird als Faserpflanze genutzt.

HANFPAPIER SELBST GEMACHT

Benötigtes Material:
- circa 20 Stiele von Hanfpflanzen
- Schere
- Dampfdruckkochtopf
- Mixer
- Wanne zum Papierschöpfen
- Suppenschöpfer
- Schöpfrahmen aus zwei Rahmen zu je 20 x 25 Zentimeter, einer davon mit Fliegengitter bespannt
- Schwamm
- Tücher aus Filz
- Presse
- Zeitungspapier zum Trocknen

Zubereitung:
1. Legen Sie die Hanfstiele für zwei bis drei Wochen in Wasser ein und wechseln Sie das Wasser regelmäßig. So lösen sich die Langfasern aus den Stängeln.
2. Um die Langfasern vom Holzkern zu trennen, schneiden Sie die Langfasern in ein bis zwei Zentimeter lange Teile und kochen diese für ca. fünf Stunden im Dampfkochtopf.
3. Ist die Masse ausgekühlt, können Sie sie mixen.
4. Füllen Sie nun eine Wanne zehn Zentimeter hoch mit Wasser, halten Sie den Schöpfrahmen darüber und verteilen Sie mit einem Suppenschöpfer die Papiermasse darauf. Dabei darf der Schöpfrahmen nur vorsichtig geschwenkt werden, damit sich die Masse im Wasser verteilt.
5. Nehmen Sie nun den Schöpfrahmen aus dem Wasser und entfernen den oberen Rahmen.
6. Stürzen Sie jetzt den Papierbogen auf das Tuch und entfernen Sie mit einem Schwamm das überflüssige Wasser.
7. Lösen Sie danach das Papier vom Rahmen, bedecken es mit einem weiteren Tuch und einigen Bögen Zeitungspapier. So entsteht langsam ein Papierstapel, der mit einer Presse beschwert werden sollte.
8. Lassen Sie nun das Hanfpapier trocken. Achtung: Nicht in die Sonne legen, da es dabei schrumpfen kann.

Baustoff

Es gibt bereits viele Häuser aus Hanf. Zwar kommt dabei Beton auch in der Bodenplatte und dem tragenden Gerüst vor, jedoch viel weniger als bei herkömmlicher Bauweise.

Hanfkalk und Hanfziegel

Hanfkalk ist ein massiver Bau- und Dämmstoff, der aus natürlichen Materialien hergestellt wird. In seiner Grundform besteht er aus drei Rohstoffen: Hanf (Hanfschäben), Kalk als Bindemittel und Wasser. Wird anstelle von Kalk Lehm als Bindemittel ver-

Diese Häuser im niederösterreichischen Hanfthal wurden mit Hanf gebaut.
Foto: Riemelmoser

wendet, wird er als Hanflehm bezeichnet. Hanfkalk und -lehm gehören zu den Agrarbetonen. Hanfkalk wird umgangssprachlich auch als Hanfbeton bezeichnet, da auch er, sowie Beton, oft erst vor Ort hergestellt und zu Bauteilen gegossen wird.

Mittlerweile gibt es bereits vorgefertigte Hanfsteine. Hanf und Kalk werden dabei in einem Kaltluftverfahren zu einem Ziegel gepresst und danach getrocknet. Die Verbindung der losen Hanfschäben mit Naturkalk und Mineralien wird hart wie Stein. Die Hanfziegel werden wie normales Mauerwerk mit Mörtel verarbeitet. Hanfsteine sind statisch nicht tragfähig, es muss also die Statik mit einem Skelett aus Holz oder Beton gebaut werden, wobei die Hanfsteine als nichttragendes Ausfachmauerwerk dienen. Sie besitzen 0,32 Megapascal Druckfestigkeit. Bei der Produktion von Hanfsteinen müssen keine synthetischen Brandhemmer zugegeben werden, wie es sonst bei Dämmmaterial üblich ist, weil Hanfsteine durch die Beimischung von Kalk nicht brennen.

Hanfziegelsteine nehmen Feuchtigkeit gut auf und haben gute Dämmwerte. Daher und aufgrund des hohen pH-Wertes von Kalk muss bei Innendämmungen keine Dampfbremse verwendet werden. Außerdem benötigt man durch die bauphysikalischen Eigenschaften keine Dämmung. Bei einer Mauerstärke von 45 Zentimeter erreicht man den Passivhausstandard.

Auch für Trennwände eignen sich Hanfziegel gut, da Hanfbeton im Aufbau sehr inhomogen, ungeordnet und aus verschiedenen Dichten zusammengesetzt ist. Dadurch werden Schallwellen gut durchbrochen, was bedeutet, dass Lärmpegel reduziert werden. Durch die grobe Oberfläche wird auch Raumschall gut geschluckt. Mit einem Doppelwand-System kann eine Schallreduktion bis zu 57 Dezibel erreicht werden.

Hanfkalk kann auf verschiedene Arten verarbeitet werden. Eine Möglichkeit ist die Verwendung von bereits vorgefertigten Hanfsteinen. Die anderen Varianten sind das Mischen und Betonieren von Hand sowie das maschinelle Sprühen.

Hanfkalk kann in verschiedenen Verhältnissen von Bindemittel zu Hanfschäben hergestellt werden. Je höher der Anteil des Bindemittels ist, desto höher ist die Rohdichte des Hanfkalks und desto niedriger sind die wärmedichtenden Eigenschaften. Meistens wird Hanfkalk in Rohdichten von 200 bis 500 Kilogramm pro Kubikmeter hergestellt. Für Dachdämmungen genügen 200 bis 250 Kilogramm pro Kubikmeter und für Wand- und Bodenanwendungen sollte die Rohdichte bei 400 bis 500 Kilogramm pro Kubikmeter liegen. Dabei hat der Hanfbeton eine Wärmeleitfähigkeit von ca. 0,06 bis 0,12 Watt pro Meter und Kelvin. Die Rohdichte wird auch von der Schäbengröße und der Verdichtung beeinflusst. Auch die mechanischen Eigenschaften, das hygrothermische Verhalten, die akustischen Eigenschaften, das Brandverhalten sowie das CO_2-Bindevermögen wird durch die unterschiedliche Zusammensetzung beeinflusst, wobei sie in Wechselwirkung zueinander stehen.

HANFKALK SELBST HERSTELLEN

Zutaten:

- Arbeitskleidung, Schutzbrille, wasserdichte Handschuhe und FFP1-Maske
- Hanfschäben, Kalk, Wasser
- ausreichend Eimer (zumindest fünf gleich große Kübel)
- Mörtelwanne, Mischer

Zum Mischen eignen sich sowohl Zwangsmischer (am besten für Hanfkalk geeignet) als auch Freifallmischer (der klassische Betonmischer), aber auch Handrührgeräte. Es ist auch möglich, kleinere Mengen mit der Kelle bzw. von Hand abzumischen.

„Rezept" für Hanfkalk:

- drei Kübel Hanfschäben
- ein Kübel Kalk NHL 3,5 nach EN 459-1
- ein Kübel Wasser

Zubereitung:

- Mischer starten und alle Hanfschäben und die Hälfte des Wassers hinzugeben.
- Ca. zwei Minuten mischen bis alle Schäben gleichmäßig feucht sind.
- Vorsichtig den Kalk vollständig hinzugeben (dabei unbedingt eine Schutzbrille und Atemschutz tragen!)
- Mit dem restlichen Wasser die richtige Konsistenz einstellen.
- Die fertige Mischung sollte im Licht ganz leicht glänzen, jedoch nicht nass sein und keine Luftbläschen bilden. Die Qualität kann mithilfe eines Balltests überprüft werden, indem man einen Ball formt. Ist die Mischung zu trocken, hält der Ball nicht.
- Höchstens noch drei Minuten weitermischen.
- In die Mörtelwanne umfüllen und sofort verarbeiten. Dabei hängt die Verarbeitungszeit vom Bindemittel ab, so beträgt sie bei Kalk NHL 3,5 maximal 30 Minuten. Danach erreicht der Hanfkalk seine endgültige Festigkeit.

Ist der Hanfkalk hergestellt, muss die Mischung schnell verarbeitet werden. Bei der Verarbeitung unterscheidet man zwischen „Hanfkalk in situ", also am Ort, und das Sprühen von Hanfkalk.

Bei der Methode „Hanfkalk in situ" werden die Schäben zusammen mit dem Bindemittel und dem Wasser direkt auf der Baustelle gemischt. Die frische Hanfkalkmischung wird in Wände, Decken oder Dächer von Hand lagenweise eingefüllt und verdichtet. Dabei sollen die Lagen nicht höher als 15 Zentimeter sein, da sie sich sonst nicht mehr gleichmäßig über die Höhe verdichten lassen. Diese Verdichtung geschieht mit Hanfkalk-Stampfern. Dabei muss man besonders auf Ecken achten, da sie gerne übersehen werden. Mit dieser Methode können drei bis vier Leute zwischen 0,5 und einem Kubikmeter pro Stunde verarbeiten. Nach ca. einer Stunde kann die Schalung bei einer Höhe von einem Meter abgenommen werden.

INFO! Das Bright-Building

Das Bright-Building ist ein Gebäude der Universität von Bradford in Manchester (UK). Es ist das bis jetzt größte Hanfkalk-Projekt in monolithischer Bauweise. Es wurde von den Architekten Farrell und Clark entworfen und 2016 errichtet. Es hat vier Stockwerke und eine Grundfläche von 1.800 Meter. Die Wandelemente bestehen aus Hanfkalk. Es hat eine BREEAM-Bilanz, das ist der führende Nachhaltigkeitsindex, von 95,2 Prozent und gilt damit als das nachhaltigste Gebäude der Welt im Bildungssektor.

Shikkui-Kalk

Unter Shikkui versteht man eine Art Kalkputz, die in ganz Japan seit dem sechsten Jahrhundert in Gebrauch ist. Shikkui ist eine sehr dünne Oberflächenanwendung, die typischerweise zum Schutz von großen Wandoberflächen in Schlössern, Burgen und Lagerhäusern verwendet wird. Er besteht aus hydratisiertem Kalk, Algenklebstoff, Hanffasern und Wasser. Wird Wasser hinzugemischt und auf eine Wand aufgetragen, entsteht durch den Karbonisierungsprozess wieder eine Art Kalkstein. Er ist sehr flexibel, außerdem langlebig und witterungsbeständig und besitzt einen hohen Fasergehalt. Die feinen Hanffasern reduzieren die Rissbildung und ermöglichen ein dünnes Auftragen. Da der Shikkui-Kalkputz oft sehr dünn und großflächig aufgetragen wird, muss er in der Zeit seine Verarbeitbarkeit beibehalten und das Aushärten so lange verzögern, bis die gesamte Wand fertiggestellt wurde. Um die Feuchtigkeit länger speichern zu können und das Abbinden zu verzögern, wurden dem Kalkhydrat Algenleime zugesetzt.

Wird Shikkui in der modernen japanischen Architektur kaum mehr eingesetzt, kann

Beim Bau der im 17. Jahrhundert in Japan errichteten Burg Himeji kam Shikkui-Kalk zum Einsatz.
Foto: Riemelmoser

man diese Architektur doch z. B. bei Japans berühmtester Burg Himeji, auch als Burg des weißen Reihers bekannt, sehen. Die Burg ist eines der ältesten erhaltenen Bauwerke in Japan und wurde im 17. Jahrhundert erbaut und ist nun UNESCO-Weltkulturerbestätte. Sie besteht aus einem imposanten Wehrturm mit fünf Stockwerken und 83 einzelnen Gebäuden, die sehr verwinkelt angeordnet wurden, um Angriffe zu erschweren. Sie wurde in den letzten Jahren renoviert und dabei wurden die Wände und Mauern mit Shikkui-Kalk bestrichen.

INFO! Pilotprogramm

Das New York State Industrial Hemp Agricultural Research Pilot Program forscht seit 2015, arbeitet momentan mit 800 Hanfbauern zusammen und hat 30.000 ha für den Anbau von industriellem Hanf zur Verfügung. So stellten Forscher am Rensselaer Polytechnic Institute nun eine Alternative aus Hanf zu Betonstahl vor, der zur Verstärkung von Betonkonstruktionen verwendet werden kann. Betonstahl kann nach einiger Zeit zu rosten beginnen und so den Verfall von Brücken oder Gebäuden bewirken, während die aus Hanf gefertigten Rohre wesentlich langlebiger und klimafreundlicher sein sollen. Hanf bindet nämlich extrem viel CO_2, ist reißfest und sehr leicht.
Zu diesem Zweck werden Hanffasern in einer erhitzten Pressform gemeinsam mit Thermoplasten, also Kunststoffen, die sich durch Erwärmung verformen lassen, verschmolzen. Daraus entsteht eine stabile Stange, die sich in der Bauindustrie verwenden lässt.

SAMEN

Öl

Die Suche nach Alternativen zu Erdöl brachte uns teilweise vom Regen in die Traufe. Das im Zug der Klimadiskussion zuerst stark forcierte Palmöl ist kein besonders nachhaltiger Rohstoff: Riesige Regenwälder wurden für Palmplantagen abgeholzt, der Rohstoff muss über die halbe Welt transportiert werden. Ganz anders sieht es dagegen bei Hanf aus: Er wächst regional, stellt geringe Ansprüche an Boden und Klima, ist krankheits- und schädlingsresistent, passt gut in die Fruchtfolge und alle Teile lassen sich vielfältig verwenden.

Wie Raps- oder Sonnenblumenöl kann Rapsöl als Treibstoff für Automobile genutzt werden, wie Henry Ford Mitte des 20. Jahrhunderts mit seinem Hanfmobil eindrucksvoll demonstrierte. Hanföl ist aber auch darüber hinaus ein guter Mineralölersatz und eignet sich als Rohstoff für Farben und Lacke und – vermengt mit Hanffasern – als Verbundstoff für Formteile, etwa Autokarosserien. Hanföl in Lampen wurde ab Mitte des 19. Jahrhunderts immer mehr durch Petroleum und Kerosin ersetzt. Hanföl wie auch die Pressrückstände werden auch als Futtermittel verwendet.

Hanföl entsteht durch die schonende, kalte Pressung von Hanfsamen. Die Presstemperatur liegt zwischen 40 und 60 Grad Celsius, um die wertvollen Inhaltsstoffe des

Hanföls nicht durch Hitze zu schädigen. Bei 30 bis 35 Prozent Ölgehalt ergibt sich ein Ölertrag von etwa 180 bis 350 Liter pro Hektar.

Hanföl hat eine gelb-grünliche Farbe. Der grünliche Anteil stammt vom Chlorophyll, der goldene Schimmer von den im Hanföl enthaltenen Carotinoiden. Warm gepresstes Öl, wie z. B. Kürbiskernöl ist dagegen dunkelgrün. Es riecht krautig und aromatisch und hat einen nussigen Geruch und Geschmack.

Die nach der Pressung verbleibenden Feststoffe nennt man Presskuchen.

Fünf Kilogramm ungeschälte Hanfsamen ergeben einen Liter Hanföl. Aus dem Presskuchen können noch ein Kilogramm Hanfmehl und drei Kilogramm Tierfutter oder Dünger gewonnen werden.

Für Hanföl aus geschälten Hanfsamen benötigt man ein Kilogramm Samen für 500 Milliliter Öl. Es hat eine goldene Farbe und schmeckt nussiger und milder als jenes aus ungeschälten Samen.

Durch den hohen Anteil an mehrfach ungesättigten Fettsäuren ist das Hanföl licht- und wärmeempfindlich. Es ist in gekühlten Flaschen ca. sechs Monate haltbar, es sei denn es ist mit Vitamin E angereichert, dann hält es sich 18 Monate lang.

Ist das Hanföl schon leicht ranzig und daher nicht mehr genusstauglich, kann man es noch zur Behandlung von Holzoberflächen oder zum Schmieren von Fahrradketten verwenden.

Nahrungsmittel

Wenn von Hanf als Lebensmittel die Rede ist, meint man Hanfsamen und das daraus

Hanföl wird aus Hanfsamen gepresst. Das ist aus geschälten Hanfsamen (links) sowie ungeschälten Samen (rechts) möglich. Foto: Hanfland

Besonders der hohe Gehalt an Omega-3-Fettsäuren macht Hanföl so wertvoll als Nahrungsmittel.
Foto: Hanfland

gewonnene Hanföl und Hanfmehl und Hanfprotein.

Hanf gilt als das neue Super-Food. Wobei eigentlich nicht neu, da es schon seit langer Zeit verwendet und gegessen bzw. getrunken wurde. Hanfsamen und das daraus gewonnene Öl sind in Europa und Asien seit Jahrtausenden ein wichtiger Bestandteil der menschlichen Ernährung und Heilkunde. Auch bei der Gletscherleiche Ötzi aus den Ötztaler Alpen wurden Hanfsamen gefunden.

Hanf ist ein Superfood, weil seine Samen viele wertvolle Inhaltsstoffe für den menschlichen Körper enthält. Hanfsamen sind proteinreiche Nüsschen, die reich an mehrfach ungesättigten Fettsäuren, Linolsäure und Eisen sind. Sie sind leichter verdaulich als z. B. Sojabohnen und ein qualitativ hochwertiges Lebensmittel. In Hanfsamen sind zahlreiche Mineralstoffe und Vitamine enthalten, die dem Körper für einen gesunden Stoffwechsel zugeführt werden müssen (Tabelle 7, Seite 96). 100 Gramm geschälte Hanfsamen enthalten etwa 90 Miligramm Eisen, dieselbe Menge Rindfleisch lediglich 3,3 Milligramm. Sonnenblumenöl enthält 160 Miligramm Vitamin E, Hanföl etwa die Hälfte davon.

Hanfsamen enthalten – unabhängig von der Sorte – kein THC oder andere berauschende Inhaltsstoffe. Sie werden sowohl geröstet als auch ungeröstet vermarktet. Aus den Samen wird mitunter Hanfbutter herstellt, die der Erdnussbutter ähnelt. Auch die

Hanfsuppe, eine traditionelle schlesische Weihnachtsspeise, wird aus Hanfsamen hergestellt (Rezept Seite 107).

Hanfsamen gehören zu den kleinsten Nüssen der Welt. Hanfsamen sind botanisch gesehen Früchte, einsamige Nüsse von grüner bis brauner oder schwarzgrauer Farbe, die von einer harten, dünnen, verholzten Fruchtschale umgeben sind. Sie haben einen Durchmesser von ca. drei bis vier Millimeter. Aus ihnen wird Öl, Schrot und Mehl gemacht.

Hanfsamen gibt es als geschälte oder ungeschälte Variante. Anzumerken ist, dass das Schälen ein schwieriger Prozess ist, der spezielle Maschinen erfordert. Die ungeschälten Samen sind knusprig, schmecken intensiver und enthalten mehr Ballaststoffe. Um die ungeschälten Hanfsamen besser verdauen zu verdauen, kann man sie vor dem Genuss einige Stunden in Wasser einweichen. Geschälte Hanfsamen sind neutraler im Geschmack und leichter verdaulich. Sie knacken beim Kauen nicht mehr. Man kann sie aber auch im Backrohr in einer feuerfesten Schale bei 170 Grad rösten.

Man kann Hanfsamen auch im Mörser grob oder fein schroten. Grundsätzlich müssen Hanfsamen aber nicht, wie z. B. Leinsamen, gemahlen werden, um ihre Nährstoffe zu entfalten. Doch da Hanfsamen sehr ölhaltig sind, ist ohnehin Vorsicht geboten, da das Mahlwerk einer Getreidemühle schnell verklebt werden kann.

Um ein Kilo geschälter Hanfsamen zu erhalten, sind drei Kilogramm ungeschälte, getrocknete und gereingte Hanfsamen notwendig. Die übrigen zwei Kilogramm sind als Tierfutter oder Dünger geeignet.

Geschälte Hanfsamen enthalten mit 7,4 Gramm pro 100 Gramm weniger als ein Viertel der Ballaststoffe von ungeschälten Hanfsamen, aber mehr als doppelt so viele Kohlenhydrate und mehr Proteine. Vor allem Eisen befindet sich hauptsächlich in der Schale.

Im Vergleich zu anderen veganen Milchalternativen enthält Hanfmilch allerdings um fast 30 Prozent mehr Fett, sättigt dadurch aber länger.

Blick in eine Hanf-Schälerei.
Foto: Hempartis

Das Schälen erfordert Spezialmaschinen. Foto: Hanfland

Das Besondere der Hanfsamen ist das optimale Verhältnis der **Fettsäuren**. Hanföl enthält 83,4 Prozent ungesättigte Fettsäuren. Ähnlich hohe Werte weisen aber auch andere Pflanzenöle, wie z. B. Distelöl, Sonnenblumenöl, Mohnöl und Traubenkernöl, auf. Allerdings bestehen bei diesen Ölen die mehrfach ungesättigten Fettsäuren fast nur aus einer Omega-6-Fettsäure (Linolsäure) und sie enthalten nur wenig Omega-3-Fettsäuren. Bei Hanföl ist das Verhältnis 3 : 1.

Tabelle 7: Gehalt an Fettsäuren, Vitaminen und Mineralstoffen in 100 g Hanföl bzw. 100 g geschälten Hanfsamen

„Linolsäure (Omega-6-Fettsäure)“	50 g bis 65 g
„Gamma-Linolsäure (Omega-6-Fettsäure)“	2 g bis 4 g
„Alpha-Linolsäure (Omega-3-Fettsäure)“	15 g bis 25 g
„Ölsäure (einfach ungesättigte Fettsäure)“	10 g bis 16 g
Gesättigte Fettsäuren	8 g bis 11 g
Vitamin A	6 mg
Vitamin B 1	0,4 mg
Vitamin B 2	0,11 mg
Vitamin B 3 (Niacin)	2,8 mg
Vitamin B 6	0,12 mg
Vitamin E	80 mg
Kalium	860 mg
Kalzium	145 mg
Magnesium	145 mg
Natrium	12 mg
Phosphor	1.160 mg
Eisen	90 mg
Zink	7 mg
Mangan	7 mg

Omega-6-Fettsäuren sind essentielle Fettsäuren, die auch in herkömmlichen Ölen wie Sonnenblumenöl, Maiskeimöl und Sojaöl enthalten sind. Ein Überschuss an Omega-6-Fettsäuren kann im Körper sogar zu Entzündungen führen bzw. bereits vorhandene Erkrankungen wie Paradentitis und chronisch entzündliche Darmerkrankungen verstärken. Zudem kann dann der Umbau der Alpha-Linolsäure zu den langkettigen, entzündungshemmenden Omega-3-Fettsäuren EPA (Eicosapentaensäure) und DHA (Docosahexaensäure) nicht ausreichend erfolgen.

Die mehrfach ungesättigten **Omega-3-Fettsäuren** haben eine entzündungshemmende Wirkung. Außerdem gelten sie als Schutz vor Herzerkrankungen, senken den Cholesterinspiegel, regen den Stoffwechsel an, verbessern die Sauerstoffaufnahme, regulieren den Hormonhaushalt, unterstützen den Zellaufbau, sollen Krebs und Arthritis vorbeugen und unterstützen den Abbau überschüssiger Fette. Sie stärken das Immunsystem und sind für die Entwicklung des Gehirns in der Wachstumsphase von Kindern, aber auch für die optimale Gehirn- und Nervenfunktionen von Erwachsenen verantwortlich. Auch in der Therapie der Aufmerksamkeitsdefizit-Hyperaktivitätsstörung (ADHS) spielen sie eine wichtige Rolle.

Die wenig bekannte Omega-3-Fettsäure Stearidonsäure, eine vierfach ungesättigte Fettsäure, wird im Körper in die entzündungshemmende Fettsäure EPA effektiver umgewandelt als die Alpha-Linolsäure.

Die seltene Gamma-Linolsäure, bekannt aus dem Nachtkerzen- oder Borretschsamenöl, wird in der Behandlung von Neurodermitis und Schuppenflechte eingesetzt, aber auch zur Behandlung von hormonellen Störungen. Dabei wird das Hanföl sowohl innerlich als auch äußerlich angewandt.

Bereits zwei Teelöffel Hanföl reichen aus, um den Tagesbedarf eines Erwachsenen an ungesättigten Fettsäuren zu decken.

Hanföl soll nie zum Braten verwendet werden, da es einen relativ niedrigen Rauchpunkt von 165 Grad Celsius hat und sich die Molekularstruktur bei Erhitzung verändert und dabei die ungesättigten Fettsäuren zerstört werden.

Hanfbier

Hopfen gehört zusammen mit Hanf zur Familie der Hanfgewächse. Früher wurde Bier mit Zugaben wie Hopfen, Hanf, aber auch verschiedenen Kräutern zubereitet. Im Mittelalter war das Hanfbier sehr geschätzt. Erst das Reinheitsgebot von 1516, nach dem Bier nur mit Hopfen, Malz und Wasser gebraut werden darf, brachte den Umbruch. Vor 100 Jahren kam Hanfbier erneut kurz in Mode, wurde aber schnell durch Gesetze wieder verboten.

Heute gibt es wieder Sorten, wie Hanfblütenbier (vor oder während dem Brauvorgang werden zerkleinerte Hanfblüten hinzugegeben), Hanfblätterbier, Hanfextraktbier (dem fertigen Gebräu wird ein Hanfextrakt beigemischt), Hanfölbier (mit ätherischen Hanföl), Hanfgeschmacksbier (Brauwasser wird mit Hanf nur aromatisiert) und Hanfstarkbier.

Das folgende Rezept stammt aus dem Buch „Bierbrauen für jedermann“ von Michael Hlatky. Dieses Hanf-Malz-Getränk wird nach einer alten Brautradition hergestellt, wobei der Hanf (*Cannabis sativa*) überwiegend die Funktion des Hopfens übernimmt und als Würzmittel dient. Die Kombination von Hanf, Hopfen und Malz verleiht diesem Bier einen leicht süßlichen, vollmundigen Geschmack.

HANFBIER SELBST GEBRAUT

Zutaten (für zehn Liter Bier):

- 2,5 Kilogramm helles Malz
- 125 Gramm Karamellmalz
- 15 Gramm Hanf (getrocknet)
- Fünf Gramm Hopfen (Pellets)
- Sieben Liter Wasser
- Nachguss 810 Liter Wasser
- Trockenhefe oder Flüssighefe (obergärig)

Zubereitung:

1. Einmaischen bei 35 Grad Celsius.
2. Eiweißrast bei 55 Grad Celsius (15 Minuten)
3. Erwärmen auf 65 Grad, 30 Minuten.
4. Verzuckerungsrast (Jodprobe!)
5. Erwärmen auf 78 Grad, 30 Minuten.
6. Rast, danach abläutern. Der Restzucker wird mit 78 Grad warmem Wasser ausgewaschen.
7. Kochen mit dem Hopfen und den getrockneten Hanfblättern. Hopfen und Hanf auf 23 Teile verteilt.
8. Filtern und abkühlen, dann die obergärige Hefe beigeben. Gärzeit 23 Tage. Lagerzeit 23 Wochen.

Vor dem Vermahlen werden die Hanfsamen geröstet. Foto: Hempartis

Schrot

Unter Hanfschrot versteht man Hanfsamen, die vor oder nach dem Rösten zerkleinert werden. Das funktioniert mit einem Porzellanmörser am besten. Die geschroteten Körner kann man wie Weizen- oder Haferschrot für Müsli und Brei, zum Bestreuen von Salaten, zum Panieren von Fleisch- und Fischstücken oder zum Beimischen in andere Getreidesorten verwenden.

Mehl

Hanfmehl wird aus den Nüssen gemahlen. Es wird sowohl als Lebens- als auch als Futtermittel verwendet. Bei Hanfmehl unterscheidet man zwei Arten. Es gibt Hanfsaatmehl und ölreduziertes Hanfmehl. Hanfsaatmehl ist Mehl aus fein gemahlenen Hanfsamen. Ölreduziertes Hanfmehl wird aus dem Presskuchen, einem Restprodukt der Ölgewinnung, hergestellt. Beide Mehle sind für die Zubereitung von Brot, Brötchen und Kuchen, aber auch für Pizza- und Nudelherstellung geeignet.

Durch den hohen Ölgehalt ist Hanfmehl kürzer haltbar als z. B. Weizenmehl. Aus diesem Grund ist es nicht empfehlenswert, Hanfsamen sebst zu Mehl zu vermahlen.

Hanfmehl enthält kein Klebereiweiß und muss daher mit kleberhaltigem Mehl wie Weizen- oder Roggenmehl vermischt werden. Ölreduziertes Mehl muss im Verhältnis 1 : 4 oder 1 : 5 vermischt werden, das heißt, dass auf 100 Gramm Hanfmehl 400 bis 500 Gramm Weizen- oder Roggenmehl kommen sollen. Bei Hanfsamenmehl liegt das

Verhältnis bei 1 : 10, das bedeutet, dass 50 Gramm Hanfsamenmehl auf 500 Gramm Weizen- oder Roggenmehl kommen. Stimmt das Mischungsverhältnis nicht, geht der Teig nicht mehr auf bzw. wird fettig.

Verwendet man Mehl aus Hanfsamen, kann bei der Zubereitung von Speisen, wie Spätzle oder Nudeln, auf die Beigabe von Eiern verzichtet werden. So kann Hanfmehl auch für Menschen mit zu hohen Cholesterienwerten eine Ernährungsalternative sein. Aber auch als Ersatz für Nüsse bieten sich Hanfsamen an, da sie eine ähnliche Textur wie diese haben, vor allem für Menschen mit Nussallergie.

Protein

Hanfsamen bestehen zu 20 bis 24 Prozent aus reinem, hochwertigem Protein, das wiederum aus aus Aminosäurenketten besteht. Als Hanfproteine bezeichnet man die beiden Eiweiße Edestin (65 Prozent) und Albumin (35 Prozent), die in Hanfsamen vorkommen.

Proteine kommen in allen Nahrungsmitteln vor, wichtig ist dabei allerdings, inwieweit der Körper diese aufnehmen und verwerten kann. Das Aminosäurenprofil von Hanfprotein ist dem des Menschen sehr ähnlich und daher von hoher biologischer Wertigkeit. Von den 21 für den Menschen notwendigen Aminosäuren, sind neun essentiell, was bedeutet, dass der Körper sie durch Nahrung zuführen muss und nicht selbst herstellen kann. Hanfproteinpulver enthält alle essentiellen Aminosäuren.

Das Hanfprotein wird aus den Samen der Hanfpflanze gewonnen. Die Samen werden gepresst und der daraus entstandene Presskuchen wird aufbereitet und zum Protein in Pulverform weiterverarbeitet.

Hanfproteine eignen sich besonders für Menschen mit Proteinmangel. Für Sportler, die Muskelmasse aufbauen wollen und einen erhöhten Bedarf an Protein haben, eignet es sich ebenfalls. Aber auch als Eiweißlieferant für Veganer leistet es gute Dienste. Dabei werden 30 Gramm Hanfprotein pro Tag empfohlen. Man kann das Pulver mit Wasser gemischt trinken, aber auch zu Smoothies und Säften verarbeiten.

INFO! Unterschied zu „Whey-Protein"

Das vor allem bei Sportlern bekannte „Whey-Protein" ist ein Molkeprotein (whey engl. für Molke). Das darin enthaltene Eiweiß ist tierischen Ursprungs, da Molke bei der Verarbeitung von Milch zu Käse entsteht. Auch Molkeprotein enthält alle neun essentiellen Aminosäuren. Für Veganer bzw. Menschen mit Laktoseintoleranz bietet sich daher Hanfprotein als pflanzliche Eiweißquelle an.
Hanfprotein wird im Vergleich zu Molkeprotein langsamer vom Körper aufgenommen, versorgt den Körper jedoch länger mit Nährstoffen. Whey-Protein wird schneller vom Körper verdaut und wirkt daher schneller.

Hanfprotein liefert dem Menschen alle neun essentiellen Aminosäuren. Foto: Riemelmoser

Sprossen

Sprossen stecken voller Mineralien und Spurenelementen. Sie sind außerdem glutenfrei und vegan und gehören zu den gesündesten Lebensmitteln in der basischen Küche.

Tabelle 8: Inhaltsstoffe von Hanfsprossen (Angaben je 100 Gramm)

Energie	434 kcal/ 1.790 kJ	
Fett	30 g	100 %
Davon gesättigte Fettsäuren	3,2 g	10,66 %
Davon einfach ungesättigte Fettsäuren	3,8 g	12,66 %
Davon mehrfach ungesättigte Fettsäuren	23 g	76,68 %
Davon Omega-3-Fettsäuren	5,6 g	18,60 %
Kohlenhydrate	2,7 g	
Ballaststoffe	30 g	
Eiweiß	22 g	

INFO! Hanfsprossen selbst anbauen

Um Hanfsprossen selbst zu ziehen, benötigt man ungeschälte (Bio-)Hanfsamen, die keimfähig sind. Weiters benötigt man ein Keimglas und einen Teller. Hygiene ist dabei sehr wichtig, da sie oft keimbelastet sein können. Daher auch unbedingt vor dem Genuss mit frischem Wasser gründlich abspülen und rasch verzehren!
Hanf ist ein Dunkelkeimer, was bedeutet, dass das Keimglas an einem dunklen Ort aufgestellt werden muss.
Zubereitung:

1. Je nach Größe des Keimglases ca. zwei Esslöffel Hanfsamen waschen und in das mit Wasser gefüllte Keimglas oder eine Schüssel geben.
2. Dort die Samen für ca. sechs Stunden an einem dunklen Ort einweichen lassen.
3. Nach der Einweichzeit das Einweichwasser wegschütten und die Samen mit frischem Wasser abspülen.
4. Während der Keimzeit die Hanfsamen zumindest zweimal täglich spülen und die Keimlinge entwirren, damit sie sich wieder mit Wasser vollsaugen können.
5. Nach drei bis vier Tagen sind die Hanfkeimlinge erntereif und können verzehrt werden.

Rezepte

Historische Hanfrezepte

Kochrezepte, in denen Hanf als Zutat vorkommt, existieren in der geschriebenen Form bereits im dem Mittelalter, im 13. Jahrhundert. Im „Registrum coquine“ von Jean de Bockheim, das zwischen 1431 und 1435 entstanden ist, findet man ein Rezept für eine Hanfsuppe. Zuerst werden Hanfblüten und -blätter in Wasser gekocht und ausgedrückt. Das gewonnene Hanfwasser wird beiseitegestellt. In einem anderen

Topf werden Zwiebel und Semmelbrösel in Olivenöl angebraten und das Hanfwasser nach und nach dazugegeben. Dann wird die Suppe noch mit Milch, Safran und Gewürzen fein abgeschmeckt. Diese Suppe hat vermutlich auch Papst Martin V. gegessen, weil der Autor Koch des Papstes während dem Konzil zu Konstanz war.

Auch im ersten gedruckten Kochbuch Italiens mit dem Titel „De Honesta Voluptate Et Valetudine", also „Über das ehrenwerte Vergnügen und die ehrenwerte Gesundheit", findet sich Hanf. Der Verfasser Bartolomeo de Sacchi Platina verwendet Hanf in Wein und Kuchen und kreiert einen Gesundheitsdrink mit Hanf, bei dem man Cannabis mit Öl erhitzt, zerdrückt ihn bis ein Saft entsteht und erhält so Cannabis-Nektar.

Auch in Österreichs Klosterküchen wurde mit Hanf gekocht. In der Österreichischen Nationalbibliothek findet sich z. B. eine handgeschriebene Rezeptsammlung des Klosters St. Dorothea in Wien aus dem 14. und 15. Jahrhundert, mit Rezepten für einen süßen Hanftopfen, Hanfkekse und würzigen Hanfkäse. Für den Hanftopfen stößt man rohen Hanfsamen klein, wäscht ihn und siebt ihn zweimal durch ein Tuch, damit er sauber wird. Dann kocht man ihn und nimmt die so entstandene topfenähnliche Masse heraus und gibt ihn in einen kleinen Topf mit Öl. Auf den Topfen kommen noch geröstete Äpfel und Zucker.

Das dortige Rezept für Hanfmus „hanifmues" findet sich auch im Kochbuch des Augsburgers Zunftbürgermeisters Schwarz. Dazu stößt man gekochten Hanf klein und siebt ihn zusammen mit Weißbrot durch ein Tuch und schmeckt es mit Gewürzen ab. Hanfmus wurde in den Klöstern vor allem während der Fastenzeit gegessen, um eine fettreiche Ernährung trotz des Verzichts auf tierische Produkte sicherzustellen.

Dass Hanföl als Nahrungsmittel nicht sehr verbreitet war, dürfte daran gelegen haben, dass die Völker Mitteleuropas an Butter gewöhnt waren.

Hanfmilch

Aus den Hanfsamen kann man auch Pflanzenmilch gewinnen. Sie ist relativ fettreich, enthält aber weniger Kohlenhydrate als andere Milchalternativen. Sie ist reich an Mineralstoffen und ungesättigten Fettsäuren. Dieser Milchersatz ist frei von Laktose, Milcheiweiß, Soja, Cholesterin und Gluten.

HANFMILCH SELBST GEMACHT

Hanfmilch ist im Moment noch schwer erhältlich, lässt sich aber leicht selbst herstellen.

Dazu muss man nur fünf Esslöffel geschälte Hanfsamen mit 500 Milliliter Wasser im Standmixer kräftig durchmixen und nach Belieben süßen. Wer möchte, fügt noch Datteln, Kurkuma, Zimt oder eine Vanilleschote hinzu.

Diese Milch hält sich im Kühlschrank etwa eine Woche.

Hanfmilch eignet sich als pflanzliche Milchalternative.
Foto: Riemelmoser

HANF-HUMMUS

Zutaten:
- 250 Gramm Kichererbsen
- Zwei Teelöffel Tahin (Sesampaste)
- Vier Esslöffel **Hanfsamen** geschält
- Vier Esslöffel **Hanföl**
- Zwei Esslöffel Olivenöl
- Eine Knoblauchzehe
- Ein Esslöffel Zitronen- oder Limettensaft
- Salz

Zubereitung:
1. Kichererbsen über Nacht in eiskaltem Wasser mit einer Prise Natron einweichen. Wenn man wenig Zeit hat, kann man natürlich auch Kichererbsen aus der Dose verwenden.
2. Gut abtropfen lassen und eine Stunde weichkochen, dann das Wasser abgießen und beiseite stellen.

Hanf-Hummus Foto: Riemelmoser

3. Hanfsamen in einer Pfanne anrösten.
4. Knoblauch schälen und klein hacken.
5. Kichererbsen, Hanfsamen, Tahin, Hanf- und Olivenöl und Gewürze in einem Mixer gut pürieren. Mit Zitronensaft abschmecken und servieren.

HANFAUFSTRICH

Zutaten:
- 250 Gramm Magertopfen
- 200 Gramm Frischkäse
- Drei Esslöffel **Hanföl** aus geschälten Samen
- 100 Gramm geschälte **Hanfsamen**
- Salz und Pfeffer

Zubereitung:
1. Rösten Sie die Hanfsamen in einer heißen Pfanne ohne Öl kurz an.
2. Vermischen Sie alle Zutaten zu einer cremigen Masse.

Hanfaufstrich Foto: Riemelmoser

SCHOKO-HANF-CREME

Zutaten:
- 250 Gramm geschälte **Hanfsamen**
- 100 Gramm Honig oder Agavendicksaft
- 100 Gramm Kokosöl
- 50 Gramm Backkakao
- Ein halber Teelöffel Vanille-Aroma oder echte Vanille
- Zwei Prisen Salz

Zubereitung:
1. Backrohr auf 180 Grad Umluft vorheizen und die geschälten Hanfsamen für fünf bis acht Minuten goldbraun anrösten.
2. In der Zwischenzeit den Honig bzw. Agavendicksaft erwärmen.
3. Alle Zutaten gemeinsamen in einem Mixer zu einem cremigen Mus vermahlen.

BÄRLAUCH-HANF-PESTO

Zutaten:
- 100 Gramm Bärlauch
- 50 Gramm Kürbiskerne
- Zehn Gramm geröstete **Hanfsamen**
- 85 Gramm Parmesankäse, frisch gerieben
- 50 Gramm **Hanföl**
- 20 Gramm Olivenöl
- Ein halber Teelöffel Salz

Zubereitung:
1. Kürbiskerne, Hanfsamen, Parmesan und Salz in einen Mixer geben und vermahlen.
2. Bärlauch und Hanföl hinzugeben und weiter vermahlen bis eine einheitliche Konsistenz erreicht ist.

HANF-TOMATENSALAT

Zutaten:
- 400 Gramm Cherrytomaten
- Zwei Esslöffel **Hanföl**
- Ein Teelöffel **Hanfsamen**
- Ein Teelöffel **Hanf-Pesto**
- Ein Esslöffel Essig
- Salz und Pfeffer

Foto: Riemelmoser

Zubereitung:
1. Tomaten waschen und halbieren.
2. Hanföl und Essig mit Hanf-Pesto über die Tomaten träufeln.
3. Hanfsamen in einer Pfanne ohne Öl kurz anrösten.
4. Die Tomaten damit bestreuen und mit Salz und Pfeffer abschmecken.

VEGANER HANFPARMESAN

Zutaten:
- 150 Gramm geschälte **Hanfsamen**
- Drei Esslöffel Hefeflocken
- Ein halber Teelöffel Salz
- Ein halber Teelöffel Knoblauchpulver

Zubereitung:
1. Die Zutaten in einem Standmixer vermischen.
2. Luftdicht verpackt hält sich der vegane Parmesan einem dunklen, kühlen Ort zwei bis drei Wochen.

Foto: Riemelmoser

HANF-MOZARELLA

Zutaten:
- 1,5 Esslöffel geschälte **Hanfsamen**
- 60 Milliliter Wasser
- Ein Esslöffel Zitronensaft
- Ein Teelöffel Kräutersalz
- Ein Esslöffel Hefeflocken
- Zwei Esslöffel Flohsamenschalen

Zubereitung:
1. Alle Zutaten in einem Mixer vermischen,
2. Anschließend Flohsamen dazugeben. Die Flohsamen quellen schnell auf.
3. Dann die Masse zu einer flachen Kugel formen und kalt stellen.

Hanf-Mozzarella harmoniert so wie italienischer Büffelmozzarella ideal mit Tomaten, Basilikum, Olivenöl und Balsamicoessig. Foto: Riemelmoser

HANF-KÄSE-CRACKER

Zutaten:
- 150 Gramm Sonnenblumenkerne
- 50 Gramm Leinsamenschrot
- 35 Gramm geschälte **Hanfsamen**
- 100 Gramm geriebene Nüsse
- 60 Gramm lauwarmes Wasser
- 30 Gramm Hartkäse

Zubereitung:
1. Sonnenblumenkerne, geschroteten Leinsamen, geschälte Hanfsamen und Nüsse mit dem Wasser in eine Schüssel geben und 15 Minuten quellen lassen.
2. Käse reiben und dazu geben.
3. Backblech mit Backpapier belegen.
4. Den Teig dünn aufstreichen, sodass eine gleichmäßige Fläche entsteht.
5. Backrohr auf 170 Grad vorheizen und die Cracker 20 bis 25 Minuten backen, bis sie gebräunt und knusprig sind.
6. Cracker sofort in kleine Stücke schneiden.

HANF-BANANENBROT

Hanf-Bananenbrot Foto: Riemelmoser

Zutaten:
- 100 Gramm brauner Rohrzucker
- Ein Päckchen Vanillezucker
- 80 Milliliter Rapsöl
- Zwei Eier
- 150 Gramm glattes Dinkelmehl
- Zwei Esslöffel **Hanfmehl**
- Ein Päckchen Backpulver
- Eine Prise Zimt
- Drei reife Bananen

Zubereitung:
1. Zucker, Vanillezucker, Rapsöl und Eier schaumig schlagen.
2. Dinkel- und Hanfmehl, Hanfprotein, Backpulver und Zimt mischen und vorsichtig unter die Zucker-Ei-Masse heben.
3. Bananen mit einer Gabel zerdrücken und vorsichtig unter den Teig heben.
4. Den fertigen Teig in eine gefettete Kastenform geben und bei 180 Grad Celsius mit Ober- und Unterhitze für ca. 50 bis 60 Minuten backen. Auskühlen lassen und aus der Form nehmen.

HANF-VANILLEKUGELN

Hanf-Vanillekugeln Foto: Riemelmoser

Zutaten:
- 250 Gramm Weizenmehl
- 200 Gramm Butter
- 100 Gramm geschälte **Hanfsamen**
- 100 Gramm Zucker
- Mark von einer Vanilleschote

Zum Wälzen:
- 20 Gramm **Hanfsamen**
- 20 Gramm Staubzucker
- Zwei Packungen Vanillezucker

Zubereitung:
1. Aus den Zutaten einen Mürbteig zubereiten und eine Stunde im Kühlschrank rasten lassen.
2. Dann den Teig zu kleinen Kugeln formen und bei 180 Grad Celsius im vorgeheizten Backrohr 15 Minuten backen.
3. Die Kugeln anschließend in dem Gemisch aus Staubzucker und Hanfsamen wälzen.

TOPFEN-HANF-BROT

Topfen-Hanf-Brot Foto: Riemelmoser

Zutaten:
- 200 Gramm Dinkelvollkornbrot
- 200 Gramm Dinkelmehl
- 50 Gramm **Hanfmehl**
- 100 Gramm Wasser
- 100 Gramm Topfen
- Ein Teelöffel Kräutersalz
- 30 Gramm **Hanfsamen**
- Eine Packung Germ
- Ein Teelöffel brauner Zucker

Zubereitung:
1. Alle Zutaten zu einem Teig verkneten und gehen lassen.
2. Der Teig sollte weich, aber nicht klebrig sein.
3. Teig zu einem kleinen Brotlaib formen und auf einem Backblech noch cirka eine Viertel Stunde gehen lassen.
4. Backrohr auf 200 Grad vorheizen.
5. Zehn Minuten bei 230 Grad Umluft backen, dann auf 200 Grad zurückdrehen für 45 Minuten.
6. Aus dem Rohr nehmen und abkühlen lassen.

HANF-PROTEIN-SMOOTHIE

Hanf-Protein-Smoothie Foto: Riemelmoser

Zutaten:
- 350 Milliliter Pflanzenmilch nach Wahl (Hafermilch, Mandelmilch) oder Kuhmilch
- Eine Banane
- Eine Handvoll Erdbeeren
- Zwei Esslöffel **Hanfproteinpulver**
- Ein Teelöffel Gewürze wie Zimt, Kardamon nach Geschmack

Zubereitung:
1. Banane schälen.
2. Alle Zutaten in einen Mixer geben und vermischen bis ein cremiger Smoothie entstanden ist.
3. In ein Glas füllen und genießen.

ENERGIEKUGELN

Zutaten (15 Stück):

- 50 Gramm Haselnüsse
- 50 Gramm Mandeln
- 80 Gramm Dörrpflaumen
- 70 Gramm Rosinen oder Feigen/Datteln
- 20 Gramm Leinsamen geschrotet
- 40 Gramm **Hanfproteinpulver**
- Drei Esslöffel Kakaopulver
- Zwei Esslöffel Tahin (Sesampaste) oder ein anderes Nussmuss

Hanf-Energiekugeln Foto: Riemelmoser

Zubereitung:

1. Alle Zutaten zusammen mit einem Mixer ein bis zwei Minuten mixen, bis keine groben Stücke mehr vorhanden sind und die Masse gut formbar ist.
2. Mit den Händen Kugeln formen und diese in etwas Kakaopulver bestäuben.
3. Kühl lagern. Die Kugeln sind im Kühlschrank ca. eine Woche haltbar.

HANFSUPPE

Die Hanfsuppe, polnisch Siemieniotka genannt, ist ein schlesisches Gericht, das traditionell als erstes Gericht am Heiligen Abend gegessen wird. Für die Zubereitung werden Hanfsamen verwendet.

Zutaten:

- 900 Gramm **Hanfsamen**
- 250 Gramm Hirse
- 300 Gramm Perlgraupen
- Vier Karotten
- Eine halbe Knollensellerie
- Zwei Petersilwurzeln
- Vier Körner Piment
- Drei Lorbeerblätter
- Zehn Pfefferkörner
- Salz und Pfeffer
- 300 Milliliter Milch
- Butter
- Zwei Liter Wasser

Zubereitung:

1. Die Hirse fein und den Hanf nur grob mahlen. Die Körner sollten nur aufgebrochen werden.
2. Zuerst aus Karotten, Sellerie, Petersilienwurzeln, Pimentkörnern, Lorbeerblättern und Pfefferkörnern eine Gemüsebrühe kochen. Hierzu das Gemüse in ein wenig Butter anschwitzen und danach zusammen mit den Gewürzen in zwei Liter Wasser aufkochen und durchziehen lassen.
3. Den leicht gemahlenen Hanf in ein Tuch, z. B. eine Stoffwindel, einwickeln und in einen Topf mit kochendem Wasser hängen. Kurz durchziehen lassen. Danach das Tuch mit dem Hanf in einer separaten Schüssel ausdrücken und die milchige Flüssigkeit auffangen. Diese wird später für die Suppe benötigt. Die Prozedur noch einmal wiederholen. Danach das Bündel mit dem Hanf unter Wasser ausspülen,

noch mal aufkochen und in der separaten Schüssel ausdrücken. Man kann auch bereits die Flüssigkeit, die beim Hochheben des Bündels heruntertropft auffangen. Insgesamt sollte man ca. zwei Liter milchige Flüssigkeit erhalten.
4. Ca. 300 bis 500 Mililiter des erkalteten Hanfextrakts abnehmen und die gemahlene Hirse darunter mischen. Danach die Mischung zum übrigen Hanfextrakt hinzugeben.
5. Aufkochen bis die Suppe eindickt. Sie sollte eine leicht breiige Konsistenz haben.
6. Die Gemüsebrühe hinzumischen, sie darf nicht zu dünn werden.
7. Perlgraupen nach Vorschrift kochen und warm stellen. Wichtig ist hier, dass die Perlgraupen nicht zu groß sind.
8. Vor dem Essen die Suppe mit der Milch vermischen und mit Pfeffer und Salz abschmecken.
9. Die gekochten Perlgraupen werden traditionell in den Suppenteller gelegt (ca. ein bis zwei Esslöffel) und die warme Hanfsuppe darüber gegossen.

Futtermittel

Hanf eignet sich als nachhaltiges und regionales Futtermittel für Nutztiere, insbesondere für Wiederkäuer, aber auch für Heimtiere – als Samen, Mehl oder Hanföl. Hanfblüten und -knospen dürfen nicht als Futtermittel verwendet werden. Mit Hanfblättern wurden aufgrund ihres CBD-Gehaltes bei Fütterungsversuchen mit Milchkühen, denen Hanfsilage verabreicht wurde, negative Erfahrungen gemacht.

Die Samen eignen sich als gutes Tierfutter vor allem für Vögel, aber auch für Fische und andere Säugetiere. Die Firma „Hanfland“ etwa erzeugt mit der Marke „Hempy“ hochwertige Nahrungsergänzung etwa für Pferde und Hunde.

Vogelfutter

Hanf bietet auch Vögeln wertvolle Inhaltsstoffe. Vor allem im Winter ist deren Energieverbrauch sehr hoch und das Verhältnis von Omega-3- zu Omega-6-Fettsäuren in den Hanfsamen ist auch für Vögel gut. Vor allem Meisen, Finken und Ammern mögen Hanfsamen. Als Vogelfutter sollte der Futterhanf zu Beginn etwa 15 Prozent des Gesamtfutters ausmachen, da sich die Vögel erst daran gewöhnen müssen. Dann fressen sie ihn sehr gerne. Als Einzelsaatfutter ist es eine gute Ergänzung nicht nur im Winter, sondern über das ganze Jahr. Im Vergleich zu Sonnenblumenkernen sind sie kleiner. Dadurch hinterlassen sie kaum Rückstände und eignen sich daher besonders gut für die Fütterung auf Balkon und Terrasse. Als Mischfutter ergänzen sich Hanfsamen gut mit Sonnenblumenkernen und Haferflocken.

Unter dem Slogan „Ohne Hanfsamen werden die Vögel nicht singen“, mit dem Vogelfutter – Hersteller eine erfolgreiche Kampagne betrieben haben, wurde im Jahr 1937 vom US-Kongress eine Ausnahmeregelung beschlossen, die es Vogelfutterherstellern erlaubte, dem Vogelfutter sterilisierte Hanfsamen beizumengen.

Fischfutter

Auch Fische fressen gerne Hanf. Hanfsamen eignen sich als Lockfutter, damit sie auch immer wieder zum Futterplatz kommen. Ihre Verdauung wird durch den Hanf angeregt. Die ideale Korngröße liegt bei ca. drei Millimeter. Auch Hanfmehl wird von den Fischen gerne angenommen. Hanf ist als sehr anziehend vor allem für Karpfen bekannt und wirkt sich durch seinen hohen Ölanteil positiv auf das Gesamtfutter aus. Außerdem hat Hanfmehl den sog. Explosionseffekt. Der Futterballen löst sich unter Wasser quasi explosionsartig auf und setzt dabei Partikel frei. Das lockt die Fische an.

BLÄTTER

Aus den Blättern und der Blüte der Hanfpflanze werden durch Destillation ätherische Hanföle gewonnen. Diese Wasserdampfdestillate werden als Geschmackstoffe in Lebensmitteln und Waschmitteln, aber auch in der Aromatherapie und als Zusatz in Massageölen verwendet.

Die Blätter können auch zur Herstellung von Hanfbutter und als Gewürz für warme und kalte Speisen ähnlich wie Oregano und Thymian verwendet werden. Verwenden Sie Butter oder ein beliebiges Öl zum Braten, da CBD fettlöslich ist.

Hanftee

Hanftee besteht aus den Blättern oder Blüten der Hanfpflanze. Werden die Blätter verwendet, erfolgt die Ernte der Blätter noch bevor die Pflanze zu blühen beginnt. Für Hanftee aus frischen Hanfblättern werden die Blätter geschnitten oder in feine Stücke gerissen, da durch den Bruch der Pflanzenfasern mehr Geschmack und Wirkung in das Teewasser kommen.

Die Zubereitung erfolgt wie bei herkömmlichen Kräutertees. Lässt man den Tee nur kurz, also ca. fünf Minuten ziehen, hat er eine belebende und aktivierende Wirkung. Nach zehn Minuten werden beruhigende und schlaffördernde Inhaltsstoffe aktiv. 15 Minuten sind die beste Ziehzeit für die schlaffördernde Wirkung. Hanftee schmeckt mild und herb-süßlich. Man kann Hanftee natürlich auch mit getrockneten Beeren, Kamille, Minze oder Zitronenmelisse verfeinern.

INFO! Unterschied Hanf- und CBD-Tee

Hanftee enthält grundsätzlich kein CBD, da sowohl die Cannabinoide CBD als auch THC nicht wasserlöslich sind. Hanftee hat einen niedrigeren CBD-Anteil als CBD-Tee. Will man die Wirkung des fettlöslichen CBDs entfachen, muss man den CBD-Tee mit Milch oder Kokosöl vermischen. Dadurch werden auch die feinen Aromen verstärkt und die natürlichen Bitterstoffe gemildert. CBD-Tee hat einen besonders hohen Anteil an konzentriertem CBD und wird zum Teil zusätzlich mit einem CBD-Extrakt angereichert. Für den Hanftee wird der jüngere Hanf von August bis September geerntet. Er hat eine grünere Farbe und ein geschmeidigeres Aroma. CBD-Tee hingegen besteht aus älteren Blättern, die erst später im Oktober geerntet werden. Er ist grünlich braun und besitzt einen stärkeren Geschmack. Während der Hanftee reich an Vitaminen, Mineralien und Chlorophyll ist, enthält der CBD-Tee deutlich mehr Antioxidantien.

TIPP! Sommertee-Mischung

Zutaten:

- 40 Gramm getrocknete Hanfblätter
- 20 Gramm getrocknete Minze
- 20 Gramm Zitronenmelisse
- Zehn Gramm Rosmarinnadeln
- Zehn Gramm getrocknete Schalen einer unbehandelten Zitrone

Je nach Ziehzeit hat Hanftee eine belebende, beruhigende oder eine schlaffördernde Wirkung.
Foto: Riemelmoser

BLÜTEN

Heilmittel & Droge

Die ältesten Belege für die Verwendung als Rauschmittel fanden Archäologen auf dem Jirzankal-Friedhof im Pamir-Gebirge im äußersten Westen Chinas. Steine wurden erhitzt und THC-haltiger Hanf verbrannt, den Rauch atmeten Menschen dann als Teil eines Begräbnisrituals ein. Man fand heraus, dass der dabei verwendete Hanf einen wesentlich höheren THC-Anteil hatte, als der in der Natur vorkommende – er wurde offenbar gezielt gezüchtet oder auf eine stärkere berauschende Wirkung hin veredelt. Das soll zwischen 790 und 520 v. Chr. stattgefunden haben. Der griechische Historiker Herodot berichtet im fünften Jahrhundert v. Chr. über die Skythen, ein Nomadenvolk aus der Steppe des heutigen Südrussland: „Sie nehmen Hanf in ihre Filzzelte und werfen ihn auf glühende Steine, auf denen er verdampft und einen Qualm verbreitet wie kein griechisches Dampfbad. Den Skythen aber ist solch ein Dampfbad ein Hochgenuss, und sie kreischen dabei vor Behagen.“ Ärchäologen haben herausgefunden, dass auch dieser Hanf THC-haltig war. In Europa wurde die berauschende Wirkung hingegen erst im 18. Jahrhundert bekannt.

WIRKSAME STOFFE

Die unterschiedlichen Hanfsorten enthalten etwa 600 chemische Verbindungen, in erster Linie 120 unterschiedliche Cannabinoide. Weiters kommen auch Aminosäuren, Proteine, Zucker, Alkohole, Fettsäuren, Terpene und Flavonoide in Cannabispflanzen vor, die allesamt nicht psychotrop wirken.

Das Harz des Hanfes enthält außerdem zahlreiche ätherische Öle, etwa Caryophyllen, Limonen, Humulen, Farnesen, Selinen und Phellandren – allesamt ohne psychoaktive Wirkung. Harzdrüsen befinden sich an der gesamten Pflanze mit Ausnahme von Wurzel und Samen.

Die bekanntesten – und bedeutendsten – Wirkstoffe sind jedoch die im Hanf enthaltenen Cannabinoide.

INFO! Endocannabionid-System

Dr. Raphael Mechoulam von der Universität Tel Aviv entdeckte in den 1960er Jahren das körpereigene Endocannabinoid-System unseres Nervensystems. 1963 isolierte er aus den hunderten Substanzen das Cannabidiol (CBD), ein Jahr darauf THC und in den folgenden Jahrzehnten weitere medizinisch wirksame Inhaltsstoffe von Hanf. Mechoulam ist wohl auch verantwortlich, dass israelische Firmen an mehr als 80 Prozent aller weltweiten Cannabis-Patente beteiligt sind.

THC: DELTA-9-TETRAHYDROCANNABINOL

Delta-9-Tetrahydrocannabinol, kurz THC, ist der bekannteste und berüchtigste in Hanfpflanzen enthaltene Stoff. Es ist dafür verantwortlich, dass Marijuana nach Alkohol und Tabak die am dritthäufigsten verwendete Droge ist – von anderen Suchtmitteln wie Kaffee, Glückspielen, Internet abgesehen. THC wird zumeist durch Rauchen aktiviert, kann aber auch in anderer Form (etwa in Backwaren, sogenannten Space Cakes oder Happy Cakes) konsumiert werden.

Delta-9-Tetrahydrocannabinol kommt in zehn verschiedenen Cannabinoiden vor. Durch Erhitzung werden THC-Säuren in phenolisches THC umgewandelt, das psychoaktiv wirkt, vor allem euphorisierend und stimulierend. Medizinisch betrachtet wirkt

THC antieleptisch, brechreizmindernd, schmerzlindernd, entzündungshemmend und muskelentspannend, es senkt den Blutdruck, steigert den Appetit und die Herzfrequenz und erweitert die Bronchien. THC ist nicht nur im Harz, sondern auch in den Pollen enthalten.

In den Vereinigten Staaten berauschen sich rund 15 Prozent der erwachsenen Bevölkerung mit Cannabis (im Schweizer Gesetzesdeutsch: „konsumieren Cannabis zu rekreativen Zwecken"), in Europa hingegen angeblich nur zwei Prozent. In Österreich und Deutschland ist der Besitz und Verkauf von Cannabis oder Cannabis-Produkten derzeit (noch?) verboten, sofern sie mehr als 0,2 Prozent THC in Deutschland bzw. Frankreich, 0,3 Prozent in Österreich, 0,6 Prozent in Italien bzw. ein Prozent in der Schweiz enthalten.

Immer mehr Länder heben den erlaubten Höchstwert an: Neben der Schweiz haben zuletzt Thailand, Costa Rica und andere Staaten einen THC-Wert von einem Prozent zugelassen, in Tschechien wurde ein diesbezüglicher Gesetzesentwurf verabschiedet.

In der Kifferszene wurden durch Kreuzung der verschiedenen Hanfarten hochpotente, photoperiodische, feminisierte Hybrid-Cannabissorten mit einem THC-Gehalt von 30 Prozent gezüchtet mit szenebekannten Bezeichnungen wie „Gelato", „Royal" oder „Thunderfuck".

INFO! Gedankenanstoß

Wir haben dem Hanf das THC weggezüchtet; der Anteil dieses Cannabinoids darf in Österreich nur maximal 0,3 Prozent betragen. Das ist gut, um nicht berauscht zu werden. Aber leiden dadurch nicht andere, positive, erwünschte Eigenschaften des Hanfes? Wir haben dem Schweinefleisch das Fett weggezüchtet – und blasses, weiches und wässriges PSE-Fleisch bekommen. Wir brauen Bier alkoholfrei – den Unterschied schmeckt man bei jedem Schluck. Werden wir dem Hühnerei das Cholesterin wegzüchten? Oder dem Rotwein das Histamin? Hier soll keinesfalls für exzessiven Rauschhanf (mit bis zu 30 Prozent THC) geworben werden. Aber die 0,3 Prozent Grenze bei THC sollte aus Sicht des Autorenduos hinterfragt werden, zumal sich dieses „Problem" ohnehin hauptsächlich auf die Blüten beschränkt. Es sollten auch hierzulande die vielfältigen Eigenschaften von Hanfsorten mit mehr als den 0,3 Prozent THC ideologiefrei erforscht werden, wie das in der Schweiz schon lange geschieht. Wenn keine zwingenden Gründe dagegensprechen, sollte auch in Österreich Hanf mit einem natürlichen THC : CBD-Verhältnis zugelassen werden. Derzeit ist in Österreich der Anbau von Hanfsorten mit einem THC-Gehalt über 0,3 Prozent, ebenso wie die Cannabisforschung und Pflanzenzucht, der staatlichen AGES vorbehalten, während es in Deutschland bereits zu einer eingeschränkten Legalisierung kam.

CBD: CANNABIDIOL

Hanf enthält über 100 Inhaltsstoffe. Cannabidiol (CBD) stammt zwar ebenso wie THC aus der Hanfpflanze, es hat jedoch keine berauschende oder süchtig machende Wirkung und gilt somit nicht als Suchtgift. CBD-Konsum ist legal und liegt im Trend. Eine Umfrage der Stiftung Warentest hat ergeben, dass zwölf Prozent der Deutschen regelmäßig CBD-Produkte konsumieren.

Cannabidiol ist ein Phyto-Cannabidoid aus dem weiblichen Hanf, das 1940 entdeckt wurde. Es macht bis zu 40 Prozent des Pflanzenextrakts aus. Es liegt wie alle Cannabidiole in der Pflanze überwiegend als Säure vor. Im Unterschied zu THC besitzt CBD keine psychoaktive Wirkung. Dieser Stoff ist in speziellen Drüsenhaaren im Bereich des Blütenstandes und in geringem Maß auch in den Blättern und Stängeln der Pflanze vorhanden.

Bei der Sinsemilla-Technik werden die männlichen Pflanzen vor der Keimung entfernt und so der CBD-Gehalt der weiblichen Blüten aufgrund der fehlenden Bestäubung verdoppelt.

Cannabidiol kommt im oberen Drittel von Nutzhanf und in den Blüten in einer Konzentration von 0,5 bis zwei Prozent vor. Die israelische Züchtung „Avidekel" enthält 15,8 Prozent CBD bei weniger als ein Prozent THC. Die niederländische Sorte „Bedrolite" weist neun Prozent CBD bei 0,4 Prozent THC auf.

Das Verhältnis von THC zu CBD in einer Hanfpflanze liegt momentan bei 1 : 20 bzw. 1 : 30. Das heißt, dass bei natürlichem Anbau derzeit maximal das 30-fache der Menge von CBD zu THC in der Pflanze möglich ist. Die beiden Stoffe verhalten sich gegenläufig, was bedeutet, dass je mehr CBD in einer Pflanze ist, desto weniger THC enthält sie. Bei einem momentanen Grenzwert von 0,3 Prozent THC in Österreich bzw. 0,2 Prozent in Deutschland kann der CBD-Wert in Österreich und Luxemburg nur bei maximal neun Prozent und sechs Prozent in Deutschland liegen.

CBD gehört zur Gruppe der Cannabinoide. Diese wirken auf das körpereigene Cannabinoid-System und interagieren mit den CB1- und CB2-Rezeptoren. Mit diesen Rezeptoren kann der Körper selbst Cannabinoide (Endocannabidoide) herstellen.

Cannabidiol gelangt in den Blutkreislauf und tritt mit dem endocannabinoiden System und dem Immunsystem in Wechselwirkung. Die Cannabinoide in Hanf sind den körpereigenen Endocannabinoiden sehr ähnlich und daher wird CBD vom Körper auch problemlos akzeptiert.

Die wichtigsten Unterschiede der verschiedenen CBD-Produkte liegen in den enthaltenen Cannabinoiden und Terpenen und der Wirkungsweise dieser Verbindungen. Das **Vollspektrum** enthält CBD, Terpene und Spuren von THC (im gesetzlichen Rahmen). Das **Breitspektrum** hat einen geringeren Entourage-Effekt, da hier alle Spuren von THC entfernt wurden. Das CBD-**Isolat** oder auch Kristall enthält ausschließlich CBD, aber weder Terpene noch Cannabinoide und besitzt daher keinen Entourage-Effekt mehr. CBD-Kristalle werden direkt, aber auch in Kombination mit anderen Lebensmitteln (z. B. Joghurt) konsumiert.

INFO! Charlotte‘s Web und der Baseball-Werbedeal

Charlotte Figi ist bekannt als das Mädchen, das die Gesetze über Medizinalhanf in den USA revolutionierte.
Charlotte Figi litt am Dravet-Syndrom, einer Form der Epilepsie mit schwerwiegenden Krampfanfällen. Das Mädchen hatte bis zu 300 Anfälle pro Woche und konnte kaum sprechen. Dadurch konnte sie keine reguläre Entwicklung machen und musste im Rollstuhl sitzen. Die Schulmedizin konnte mit den üblichen Anti-Epileptika nicht helfen. Als sie sechs Jahre alt war, versuchten ihre Eltern 2012 eine CBD-Behandlung. Sie begann den Extrakt der Hanfsorte mit dem Namen „Hippie’s Dissappointment“ einzunehmen und ihr Zustand verbesserte sich rasch.
Diese Hanfsorte zeichnet sich durch einen mit 17 Prozent hohen CBD- und mit 0,3 Prozent niedrigen THC-Gehalt aus. Aufgrund der fehlenden psychoaktiven Wirkung entstand der Name „Hippies Enttäuschung“. Diese Sorte wurde dann von den Züchtern, den Brüdern Joel, Jesse, Jon, Jordan, Jared und Josh Stanly in „Charlotte‘s Web“ umbenannt, nach Charlotte Figi und dem Kinderbuch „Charlotte‘s Web“, auf Deutsch „Wilbur und Charlotte“ von E. B. White.
Die Geschichte um das Mädchen wurde 2013 in der CNN-Dokumentation „Weed“ mit Sanjay Gupta der Öffentlichkeit bekannt. In der Folge zogen viele Familien mit kranken Kindern nach Colorado, um Zugang zu „Charlotte‘s Web“ zu erhalten. In mehreren US-Staaten wurden Gesetze geändert. Leider verstarb Charlotte Figi im Jahre 2020 mit 13 Jahren an Lungenentzündung.
Am 12.10.2022 wurde eine Partnerschaft der Marke „Charlotte’s Web“ der Stanleys Brothers mit der Major League Baseball bekanntgegeben. Diese große Profi-Sportliga in den USA war die erste Liga, die auf THC-Tests bei ihren Spielern verzichtete, und dann war sie die erste Liga, die NSF-zertifizierte CBD-Produkte sogar empfahl. Diese Zertifizierung soll eine gleichbleibende Produktqualität und eine sichere Herstellung garantieren.

INFO! Entourage-Effekt

Der Begriff „Entourage-Effekt“ wurde zum ersten Mal 1998 von den Forschern Raphael Mechoulam und Shimon Ben-Shabat vom Weizmann-Institut in Israel erwähnt. Man versteht darunter, dass pharmakologisch wirksame Stoffe in einer synergetischen Wechselwirkung zusammenarbeiten und sich so bestimmte Cannabinoide und Terpene so beeinflussen, dass sie bestimmte Wirkungen verstärken oder mindern sollen. Vereinfacht gesagt, wirkt das Ganze, wie schon Aristoteles wusste, mehr als die die Summe seiner Teile. Diese Theorie ist aber nicht unumstritten und wird auch als Marketing-Instrument verstanden.

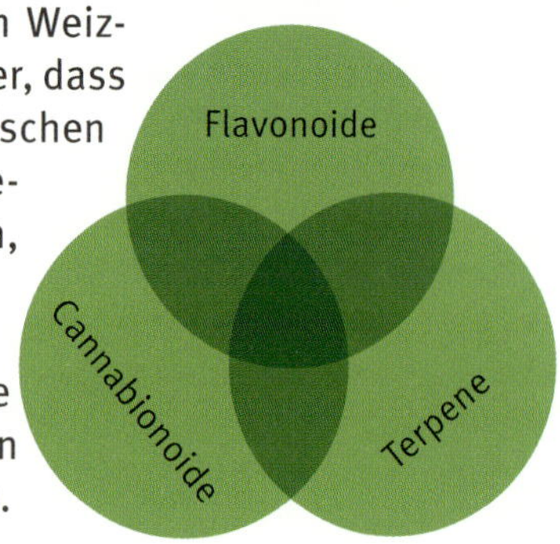

Grafik: Werbeagentur Rypka

CBD wird vor allem in Form von Öl verwendet. Eine weitere Möglichkeit ist CBD-Tee. Da jedoch CBD wie auch THC nicht wasserlöslich ist, gibt man am besten Milch oder Schlag dazu.

Es gibt verschiedene Möglichkeiten, um das CBD aus der Hanfpflanze zu gewinnen. CBD ist in Öl und in Alkohol löslich. Daher passiert die Extraktion von CBD häufig mit einem Lösungsmittel auf Öl- oder Alkoholbasis. Nach der Extraktion kann CBD-Öl raffiniert und zu Produkten wie Tinkturen, Kapseln, Zäpfchen, Lutschtabletten, Kosmetika und Nahrungsmitteln verarbeitet werden.

Kohlendioxid-Extraktion

Das **überkritische CO_2-Extraktionsverfahren** gilt momentan als wirkungsvolle Methode CBD zu gewinnen. Überkritisches Kohlendioxid (CO_2) ist eine Form von Kohlendioxid, die sich in einem Zustand befindet, der sowohl gasförmige als auch flüssige Eigenschaften aufweist. Die Extraktion ist ungiftig und es entsteht ein sehr hohen CBD-Anteil. Die Hanfpflanze wird mit dem überkritischen CO_2 gesättigt, woraufhin sich das CBD löst. Dann wird die Temperatur erhöht und der Druck gesenkt, wodurch sich das Kohlendioxid wieder in den gasförmigen Zustand zurückentwickelt. Zurück bleiben das CBD und andere nützliche Bestandteile wie Terpene in hochkonzentrierter Form. Da Cannabinoide von Natur aus ölig sind, entsteht bei der Extraktion von CBD ein dickflüssiges wirksames Öl. Dem Extrakt wird dann noch ein neutrales Öl zugefügt, meistens Hanfsamenöl.

Eine andere Methode ist die **unterkritische Extraktion**. Dabei werden bei der Produktion eine niedrigere Temperatur und ein niedrigerer Druck verwendet. Dabei bleiben mehr Terpene erhalten, es müssen allerdings mehrere Extraktionsvorgänge vorgenommen werden.

Die Nachteile dieser Kohlendioxid-Extraktionsverfahren sind, dass die Herstellung sehr teuer ist und man Experten dafür benötigt.

Ethanol-Extraktion

Ethanol, also reiner Alkohol, kann ebenfalls zur Gewinnung von CBD verwendet werden. Zu diesem Zweck legt man die Hanfpflanze in ein Ethanolbad ein und lässt es dort für ein paar Tage ruhen. Danach filtert man den Mix aus Ethanol und der Hanfpflanze und übrig bleibt das mit CBD angereicherte Ethanol. Da Ethanol aber giftig ist, muss man die Mischung erhitzen. Dabei verdampft das Ethanol und der CBD-Extrakt bleibt übrig. Durch das Ethanol werden Bakterien und Pilze in der Hanfpflanze getötet. Dies ist für Menschen mit einem schwachen Immunsystem gut. Nachteile dieser Art der Extraktion sind, dass der Alkohol neben dem CBD auch das Chlorophyll herauslöst und sich so der Geschmack verändert. Es besteht auch die Gefahr, dass chemische Rückstände übrigbleiben. Da Ethanol explosiv sein kann, birgt die Herstellung durchaus Risiken.

Kohlenwasserstoff-Extraktion

Eine weitere Möglichkeit CBD zu gewinnen, ist die Kohlenwasserstoff-Extraktion mit Butan, Propan, Naphtha oder Hexan. Sie durchfließen die Hanfpflanzen und lösen dabei das CBD aus der Pflanze heraus. Damit keine Giftstoffe im Extrakt zurückbleiben, wird der Kohlenwasserstoff verdampft und das entstandene Gas abgesaugt. Zurück bleibt das CBD. Diese Art der Extraktion ähnelt der Kohlendioxid-Extraktion, stellt aber ein höheres Gesundheitsrisiko dar.

Öl-Extraktion

Dabei handelt es sich um die einfachste Methode. Man braucht nur ein Öl, wie z. B. Olivenöl oder Traubenkernöl, und die gewünschten Teile der Hanfpflanze. Beides gibt man in ein Gefäß und erhitzt die Mischung in einem Wasserbad. Danach wird das Gemisch wieder auf Normaltemperatur heruntergekühlt und Hanfpflanze und Öl getrennt. Nun werden die Pflanzenteile entfernt und übrig bleibt das fertige CBD-Öl.

Da bei dieser Extraktion kein konzentriertes CBD-Extrakt entsteht, wirkt dieses CBD-Öl nicht so stark wie bei den anderen Extraktionen. Dafür ist dieses Verfahren billiger und einfacher in der Herstellung.

CBD-Öl

Die Grundlage für CBD-Öl ist eine CBD-reiche Hanfsorte. Um hochwertiges CBD zu erhalten, muss bei der Züchtung darauf geachtet werden, dass eine Verunreinigung mit THC so gering wie möglich ist.

Ätherische Öle, die CBD enthalten, werden von den Pflanzenhaaren produziert und sind im Harzkopf der weiblichen Pflanze zu finden. THC und CBD kommen in ihrer ursprünglichen Form als Säuren vor und werden erst durch Erhitzen zu den Wirkstoffen THC und CBD.

CBD-Öl ist momentan von allen Darreichungsformen die beliebteste, da es leicht zu dosieren ist. Man kann es in verschiedenen Konzentrationen wie fünf, zehn, 15 oder auch 25 Prozent erhalten. Diese Prozentangabe gibt an, wie hoch der Anteil von CBD im Öl tatsächlich ist. Der Rest ist ein Trägeröl, wie z. B. Oliven- oder Kokosöl, was den Geschmack des CBD-Öls natürlich beeinflusst. Grundsätzlich schmeckt es erdig oder torfig und ist nicht jedermanns Sache. Man kann es aber gut mit Milch, Kakao oder auch anderen Getränken mischen, aber auch damit kochen. Suppen, Eintöpfe, Marinaden, Salatdressings, Hummus, Guacamole und Pastasaucen bieten sich hierfür an. CBD-Öl sollte nicht erhitzt werden und eher in kalte Gerichte oder erst nach dem Kochen hinzufügt werden. Dabei muss man aber aufpassen, dass man es gut verrührt, damit es nicht bitter schmeckt. Beim Kochen zugefügtes CBD-Öl geht etwas langsamer in den Körper, als wenn man es unter die Zunge gibt.

CBD-Öl sollte an einem kühlen und dunklen Ort aufbewahrt werden, wo es sich bis zu zwei Jahren hält. Es im Kühlschrank aufzubewahren wird nicht empfohlen, da sich die Konsistenz des Öls durch die Kälte verändern kann.

Kosmetik

Hanföl wird nicht nur in der Küche, sondern auch in der Kosmetik verwendet. Man findet es in Hautpflegeprodukten, in Seifen, Shampoos und Waschmitteln. Seine zahlreichen bioaktiven Substanzen sollen die Hautalterung verlangsamen und Feuchtigkeit in der Haut speichern. Der Effekt ähnelt jenem der Hyaluronsäure und kann kleine Falten glätten. Durch seinen hohen Gehalt an Vitamin C, das für seine antioxidative Wirkung bekannt ist, unterstützt es die Zellgesundheit und verlangsamt den Hautalterungsprozess.

Durch das optimale Verhältnis der Omega-3- : Omega-6-Fettsäuren, das dem Fettsäuremuster der menschlichen Haut ähnelt, wird das Hanföl gut aufgenommen und verwertet und stärkt die Schutzbarriere der Haut. Vor allem trockene Haut wird dadurch weich und geschmeidig. Besonders für sensible und trockene Haut ist das Hanföl auch deshalb so geeignet, weil die Gamma-Linolensäure einen beruhigenden Effekt besitzt. Dadurch ist es auch bei Neurodermitis, Dermatitis und Psoriasis hilfreich.

Zusätzlich zählt Hanföl zu den nicht-komedogenen Ölen, das bedeutet, es verstopft die Poren nicht. Daher ist es auch gut zur Behandlung von unreiner Haut, die zu Akne und Pickeln neigt, geeignet. Die CBD-haltigen Produkte wirken entzündungshemmend und antibakteriell.

HANF-BODYLOTION

Zutaten (für 1.000 Milliliter Lotion):

- 500 Gramm Kakaobutter
- 250 Milliliter **Hanföl**
- 200 Milliliter Mandelöl
- Zwei Esslöffel Vitamin E-Öl
- 40 Gramm Arganöl
- Ätherische Öle nach Wahl

Zubereitung:

1. Schmelzen Sie die Kakaobutter in einem Wasserbad oder in einem Topf bei geringer Hitze.
2. Füllen Sie das Öl in ein breites, nicht zu hohes Gefäß. Geben Sie ätherische Öle hinzu und lassen Sie die Masse bei Zimmertemperatur leicht fest werden, sodass es sich noch ohne Probleme mit einer Gabel quetschen lassen kann.
3. Schlagen Sie die Creme mit einem Handrührgerät auf.
4. Füllen Sie die Körperlotion in kleine, sauber ausgespülte und getrocknete Gläser.

Abgefüllt in kleine Gläser ist die selbstgemachte Hanf-Lotion auch ein persönliches und nützliches Geschenk. Foto: Riemelmoser

EINFACHE HANFÖLSEIFE

Hanföl gehört zu den Pflanzenölen, die Naturseife weichmachen und keinen Schaum bilden.

Reine Hanfölseife ist sehr weich und schmierig und fühlt sich daher beim Waschen nicht so angenehm an. Aus diesem Grund sollte das Hanföl sparsam eingesetzt (maximal zehn Prozent) und immer mit festen und schaumgebenden Fetten kombiniert werden.

Zutaten:

- Seifenformen
- Schmelzseife (oder eine einfache Babyseife)
- **Hanfsamenöl** (max. zehn Prozent)
- 30 Prozent andere Zusatzstoffe (z. B. Sheabutter, Kokosöl, Düfte)

Zubereitung:

1. Schneiden Sie die Seife in gleich große Würfel und schmelzen Sie sie bei niedriger Temperatur oder in einem Wasserbad.
2. Wenn die Seife flüssig ist, lassen Sie sie einige Minuten abkühlen und fügen sie alle Zutaten, wie Öle und Duftstoffe, hinzu.
3. Rühren Sie die Mischung mit einem Spatel oder einem Stabmixer ca. drei bis fünf Minuten.
4. Gießen Sie die Mischung in Formen und lassen Sie sie mindestens 30 Minuten lang im Gefrierschrank.

TIPP!

Wenn die Seife zu fest in der Form ist, einfach eine Minute in warmes Wasser tauchen. Dadurch schmelzen die gefrorenen Wasserkristalle und die Seife wird an den Rändern weicher und lässt sich leicht aus der Form lösen.
Es ist auch möglich, etwas Hanföl in die (fertige) Flüssigseife oder das Haarshampoo zu geben und gut zu vermischen und anschließend wie gewohnt zu verwenden.

GESICHTSÖL

Zutaten:

- Zehn Gramm Mandelöl oder Olivenöl
- Sechs Gramm Jojobaöl
- Vier Gramm **Hanfsamenöl**

Zubereitung:

1. Wägen Sie die Öle mit einer elektronischen Feinwaage direkt in die Flasche oder in ein Becherglas. Nimmt man ein Becherglas, von dort schluckweise in die Flasche gießen.
2. Verschließen Sie die Flasche gut und schütteln Sie sie gut durch.
3. Vergessen Sie nicht auf die Beschriftung!

Dieses Gesichtsöl ist dunkel gelagert ca. drei Monate haltbar. Zur Verwendung kann man es auch mit einer Gesichtscreme mischen und danach auftragen.

PARFUM

Mittlerweile finden sich Hanf-Essenzen auch in den Düften von Parfums und in Raumdüften. Hanfparfums können einerseits durch Extraktion der Aromen andererseits mit ätherischen Ölen aus der Hanfpflanze hergestellt werden. Hanf wird vor allem bei Männer- sowie Unisex-Düften verwendet. Es hat Noten von Blumen, Pinien und Erde und ein moschusartiges Aroma.

Zu Parfums, die Hanf in der Herz- oder Kopfnote haben, gehören z. B. die Unisex-Düfte „Cannabis Flower Demeter Fragranca“, „Mugler Cologne Fly Away Mugler“, „Marijuana Kolmaz“, „Habit Rouge L Instinct Guerlain“ für Männer und „Joop! Le Bain Soft Moments Joop!“ für Frauen.

Zutaten:

- Sieben Tropfen der Kopf-, Herz- und Basisnoten
- 14 Tropfen Öl
- 70 Gramm Ethanol (z. B. reiner Alkohol)

Zubereitung:

1. Zutaten mischen und in einen luftdichten Behälter füllen und für eine Zeit von 48 Stunden und sechs Wochen einwirken lassen. Je länger die Zeitdauer, umso stärker wird der Geruch.
2. Einige Tropfen Wasser hinzugeben und das Ganze durch einen Kaffeefilter filtern. Will man den Duft konservieren, einfach einen Esslöffel Glycerin beifügen.
3. Das Parfum in ein Flacon umfüllen.

Medizin

Es liegen noch keine Langzeitstudien vor, jedoch werden CBD zahlreiche positive Wirkungen auf die Gesundheit angedichtet. In Fachkreisen schreibt man CBD entzündungshemmende, muskelentspannende und nervenzellenschützende (neuroprotektive), antipsychotische, Brechreiz hemmende, schmerzhemmende, heilende und krampflösende Wirkung zu. Cannabidiol beruhigt, senkt den Augeninnendruck, hilft beim Einschlafen, und soll auch gegen Beschwerden wie Arthrose, Depression, Regelschmerzen, Migräne, Alzheimer und Krebs helfen, heißt es. Diese krankheitsbezogenen Werbeaussagen sind wissenschaftlich kaum belegt (sogenannte healthclaims), als Nahrungs- oder Nahrungsergänzungsmittel sind sie nicht zugelassen. Dennoch werden CBD-haltige Präparate von Ärzten zur Vorbeugung epileptischer Anfälle und gegen Übelkeit und Appetitlosigkeit während einer Chemotherapie verschrieben. Offiziell wird CBD derzeit weder zur Parkinson- noch zur Krebstherapie empfohlen. Und selbst der einschlaffördernde Effekt scheint fraglich. Aber hier gelten wohl zwei Sätze: Der Glaube versetzt Berge. Und: Hilft's nichts, so schad's nicht.

Die heilende Wirkung von Hanf ist schon seit langer Zeit bekannt. So soll in China Shennong, der in der chinesischen Mythologie als einer der drei Erhabenen gilt und dort als menschlicher Gott verehrt wurde, und 5000 v. Chr. lebte, die Heilwirkungen beschrieben haben. In seiner Arzneimittel-Trilogie, Klassiker der Heilkräuter nach Shennong, die erst zwischen 300 v. Chr. und 200 n. Chr. erschien, werden 365 Heilkräuter beschrieben. Diesem zufolge soll das Harz der Cannabisblüte gegen Erschöpfung, Rheuma, Malaria und Entzündungskrankheiten helfen.

Von China gelangte Hanf vermutlich um 800 v. Chr. nach Indien. Zu vedischer Zeit dürfte Hanf bereits als Heilmittel verwendet worden sein.

INFO! Magu – die Göttin des Hanfs

Magu kommt in der chinesischen und koreanischen Mythologie als berühmte taoistische Unsterbliche vor. Sie wird meist als junge hübsche Frau mit langen Fingernägeln beschrieben und mit einem Korb dargestellt, in dem sie Hanf und Pfirsiche mit sich trägt. Sie half alten und kranken Menschen und hütete den Berg Tai Shan in der chinesischen Provinz Shandong. Tai Shan ist einer der fünf heiligen Berge des Daoismus und dort befindet sich auch ein Tempel, der Magu gewidmet ist. Diese Gegend eignete sich schon seit langer Zeit für den Hanfanbau und kommt dort natürlich vor. Am siebenten Tag jedes siebenten Monats wurde dort traditionell Hanf gesammelt. Sie gilt als Hanfpriesterin, weil sie die heilende Wirkung des Hanfs kannte.

Porträt von Magu, der unsterblichen Hanfjungfrau. Foto: National Palace Museum, Public domain, via Wikimedia Commons

In der abendländischen Literatur über Heilmittel wird Hanf zum ersten Mal von Dioskurides um 50 n. Chr. erwähnt: „Gebauter Hanf. Der Hanf – einige nennen ihn Kannabion, andere Schoinostrophon, Asterion – ist eine Pflanze, welche im Leben sehr viel Verwendung findet zum Flechten der kräftigsten Stricke. Er hat denen der Esche ähnliche, übelriechende Blätter, lange einfache Stängel und eine runde Frucht, welche, reichlich genossen die Zeugung vernichtet. Grün zu Saft verarbeitet und eingeträufelt, ist sie ein gutes Mittel gegen Ohrenleiden." Auch Galen, ein berühmter Arzt der Antike, empfiehlt den grünen Saft der Samen gegen Ohrenschmerzen und Blähungen. Zu dieser Zeit wurden vor allem die Hanfsamen und nicht das Kraut verwendet.

Avicenna, der Vater der arabischen Medizin, erwähnt die Hanfpflanze um 1000 v. Chr. in seiner Schrift „Canon medicinae" (Kanon der Medizin), einem sehr wichtigen Werk der Medizin bis weit ins 15. Jahrhundert. Darin beschreibt er die Hanf-Behandlung bei Gicht, entzündeten Wunden und schweren Kopfschmerzen. Nun werden aber nicht nur die Samen, sondern auch das Kraut verwendet.

Auch Hildegard von Bingen (1089 bis 1179) wusste, dass Hanf eine gesundheitsfördernde Wirkung hat. So heißt es in ihrer Heilmittel- und Naturlehre „Physica" über Hanf: „Der Hanf ist warm. Er wächst, während die Luft weder sehr warm noch sehr kalt ist, und so ist auch seine Natur. Sein Same bringt Gesundheit und ist den gesunden Menschen eine heilsame Kost, im Magen leicht und nützlich, weil der den Schleim ein wenig aus dem Magen entfernt und leicht verdaut werden kann, die schlechten Säfte mindert und die guten stärkt. Wer Kopfweh und ein leeres Hirn hat, dem erleichtert der Hanf, wenn er ihn isst, den Kopfschmerz. Ein aus Hanf verfertigtes Tuch, auf Geschwüre und Wunden gelegt, tut gut, weil die Wärme in ihm temperiert ist."

Auch das Wörterbuch der Gebrüder Grimm weiß, dass „wer alltäglich drei oder vier hanfkörner nüchtern verschluckt ... für der pest sicher und bewahrt sein".

Der irische Arzt William O'Shaughnessy entdeckte 1839 die schmerzstillenden und beruhigenden Wirkungen von Hanf, nachdem er unterschiedliche Formen von Hanf an Tieren getestet hatte. So erreichte der Siegeszug von Hanf als Schmerzmittel bald ganz Europa und Nordamerika. 1860 berichtete der Ausschuss für Hanf der Ohio State Medical Society über die Behandlung von Asthma, Rheuma und starken Magenschmerzen.

Bevor am Ende des 19. Jahrhunderts Arzneimittel synthetisch hergestellt wurden, bestanden 60 Prozent aller Schmerzmittel aus Cannabisprodukten. So war Hanf auch Bestandteil von vielen frei verkäuflichen Medikamenten.

INFO! Der gefährlichste Hustensaft der Welt

Der „One night cough cure syrup", ein Hustensaft aus Baltimore, wurde Ende des 19. Jahrhunderts verkauft. Allerdings enthielt dieser Sirup neben Hanf auch Chlorophorm, Opium, Heroin und Morphium und gilt als der gefährlichste Hustensaft der Welt. Dieser Sirup war ohne Rezept erhältlich und versprach, Husten in einer Nacht zu heilen.

Momentan ist in Österreich und Deutschland das Arzneimittel mit dem Namen „Sativex“ mit Cannabis-Wirkstoffen zugelassen. Dieses Mundspray enthält die Kombination aus zwei Extrakten von einer THC-reichen Cannabissorte und einer von einer CBD-reichen Sorte. Dieses Arzneimittel ist zur Verbesserung krampfartiger Symptome bei Patienten mit Multipler Sklerose (MS) zugelassen. „Canemes“ ist ein synthetisches Cannabinoid und wird bei erwachsenen Patienten bei Übelkeit und Erbrechen während einer Chemotherapie verschrieben. Es wird als Kapsel oral eingenommen.

„Dronabinol“ enthält sythetisch hergestelltes THC in Reinsubstanz. Es ist ein Rezepturarzneimittel und kann als sogenannte magistrale Verschreibung, das bedeutet als individuelle Zubereitung des Arzneimittels, direkt in der Apotheke abgegeben werden. Ärzte können dies über ein Suchtgiftrezept anordnen, wobei sie keine eng definierte Indikation haben. So kommen neben MS-Patienten, auch Personen mit Lähmungen, anderen Nervenleiden, chronischen Schmerzen und jene, die bei Appetitlosigkeit, Übelkeit und Erbrechen auf keine andere Therapie ansprechen sowie Krebspatienten dafür in Frage.

In der Schweiz wurde das Verbot von Cannabis zu medizinischen Zwecken im Betäubungsmittelgesetz (BetmG) per 1. August 2022 aufgehoben. Durch diese Gesetzesänderung wurden der Anbau, die Verarbeitung, die Herstellung und der Handel von Cannabis zu medizinischen Zwecken dem Bewilligungs- und Kontrollsystem von Swissmedic unterstellt. Allerdings bleibt der Umgang mit Cannabis für nicht-medizinische Zwecke, außer für Pilotversuche, weiterhin verboten.

Cannabis wird auch in der Homöopathie verwendet. Cannabis kommt in registrierten homöopathischen Arzneimitteln stark verdünnt vor.

Bei einigen Erkrankungen, wie z. B. Entzündungen, entwickelt sich die Wirkung langsam, was zur Folge hat, dass Cannabidiol täglich verwendet werden muss, um zu wirken. Bei anfallsartigen Erkrankungen, wie z. B. Migräne, wirkt es hingegen oft sofort.

Die Dosierung muss individuell auf die Person abgestimmt werden und kann sich im Lauf der Zeit ändern. Faktoren wie Körpergewicht, Stoffwechsel, gesundheitlicher Zustand und Sensitivität spielen eine Rolle. Mikrodosierungen, die zum Einstieg geeignet sind, liegen bei 0,5 bis 20 Milligramm CBD pro Tag. Standarddosierungen liegen im Bereich von zehn bis 100 Milligramm CBD pro Tag. Makrodosierungen bei sehr schweren Fällen liegen im Bereich von 50 bis 800 Milligramm CBD pro Tag. Empfohlen werden zwei bis vier Dosen täglich. Bei CBD kommt es zu keinem Toleranzeffekt. Das bedeutet, dass auch eine wiederholte Aufnahme über einen längeren Zeitraum die Reaktion darauf nicht verringert.

Cannabinoide kommen im Hanf vorwiegend als Carbonsäuren vor und werden erst durch Erhitzung in phenolische Formen umgewandelt, die medizinisch wirken. CBD sollte daher vor oder während der Einnahme erhitzt werden. Saft aus Blüten oder Blättern ist nur bei wenigen Krankheiten wirksam.

INFO! Weitere Cannabinoide

Die Unterscheidung der Cannabinoide beruht auf dem Grad ihrer Psychoaktivität. Weitere Cannabinoide sind:

- Cannabichromen (CBC): beruhigend, unterstützt schmerzhemmende Wirkung von THC
- Cannabidiolsäure (CBDA): Wirkt gegen Übelkeit und Erbrechen und soll aggressive Brustkrebszellen an der Ausbreitung hindern.
- Cannabigerol (CBG): augeninnendrucksenkend, antibiotisch, beruhigend, nicht psychoaktiv
- Cannabinol (CBN): augeninnendrucksenkend, antieleptisch, leicht psychoaktiv

CBD-Öl für Tiere

Cannabidiol ist für Menschen und auch für Tiere geeignet, da die Wirkungsweise von CBD bei Menschen und Tieren sehr ähnlich ist. Denn CBD wirkt zusammen mit dem Endocannabinoidsystem, das viele Körperfunktionen reguliert und beeinflusst. CBD-Öl kann auch bei Tieren die Vitalität steigern und das Herz, die Muskulatur und das Bindegewebe stärken. Für Haustiere bietet sich vor allem das CBD-Öl an, da es leicht zu dosieren ist. So kann das Öl leicht ins Futter oder Trinkwasser gemischt oder dem Tier direkt ins Maul getröpfelt werden. Als Faustregel gilt, dass ein kleiner Hund (bis zwölf Kilogramm) zwischen zwei und fünf Milliliter CBD-Öl pro Woche, ein mittelschwerer Hund (bis 25 Kilogramm) fünf bis zehn Milliliter und ein großer Hund (ab 26 Kilogramm) pro Woche zehn bis 15 Milliliter CBD-Öl vertragen kann.

Weitere CBD-Produkte

CBD-Blüten und -Pollen

CBD-Blüten und -Pollen sind sich sehr ähnlich. CBD-Blüten sind die Knospen der Hanfpflanzen, die eine besonders hohe Konzentration an CBD besitzen. Sie sind die Grundlage für viele Produkte. Die Blüten werden am Ende der Erntezeit gepflückt und getrocknet. Um die ätherischen Öle der Pflanze zu erhalten, muss die Trocknung langsam erfolgen. Die Blüten können als Tee getrunken werden, aber auch in Fett gelöst zum Backen und Kochen verwendet werden. Alternativ kann man sie auch mit einem Vaporizer verdampfen.

CBD-Pollen bestehen aus Harz, Blütenstaub und Trichomen. Trichome sind Harzdrüsen auf der Oberfläche der Hanfpflanzen. Sie werden meist als gemahlener Pollenstaub oder als Presslinge verkauft und können mit verschiedenen Geschmäckern aromatisiert werden.

CBD-Terpene sind gepresste Blütenpollen.

CBD-Hasch

CBD-Hasch wird aus dem „Kief", dem feinen Staub auf Blüten, Blättern und Stängeln der Hanfpflanze hergestellt. Der gesammelte Blütenstaub wird oft mit Eiswasser bearbeitet, zu einer Masse zusammengepresst und anschließend erhitzt. Daraus entsteht ein klebriges und öliges CBD-Konzentrat.

CBD-Extrakte

CBD-Extrakte sind die reinste Form von CBD. Dabei handelt es sich um 100 Prozent reines Cannabidiol. CBD-Wachs, meist gewonnen aus Blüten und Stängeln, kann eine CBD-Konzentration von bis zu 98 Prozent enthalten und wird vor allen für Vaporizer (Verdampfer) verwendet.

TERPENE

Terpene sind flüchtige Kohlenwasserstoffverbindungen. Hanf ist die Pflanze mit den meisten Terpenen. Jedes der unterschiedlichen Terpenmoleküle hat einen eigenen unverwechselbaren Geruch und Geschmack. Terpene werden seit langer Zeit zur Aromatherapie eingesetzt. So besteht z. B. der Duft von Zitrusfrüchten aus einer Kombination von Limonen und Pinien und soll die Stimmung heben. Weiters können Terpene die Muskel- und Gelenkfunktion unterstützen. Zusätzlich verstärken sie die Wirkung von Cannabinoiden, indem sie auf die Cannabinoid-Rezeptoren wirken.

GUTES ODER BÖSES CANNABIS?

Während Hanf – und auch Cannabis – in der allgemeinen Wahrnehmung aktuell wieder ein positiveres Image bekommen hat, zieht der Primar der Linzer Uniklinik für Psychiatrie, Dr. Kurosch Yazdi, in seiner 2017 erschienenen Streitschrift „Die Cannabis-Lüge" sehr fundiert gegen die Verharmlosung und Verherrlichung des (modernen) Cannabis ins Feld. Er kritisiert vor allem die massiven psychotischen Wirkungen heutiger Cannabis-Züchtungen mit extremen Berauschungswerten bis zu 32 Prozent THC, während dieses „Turbo-Pot" im Gegenzug kaum mehr (gesundes) CBD enthält. Anders war es mit dem „Gras" der 1970er Jahre, das in etwa drei Prozent THC und ungefähr gleich viel CBD enthielt und somit weniger gesundheitsgefährdend war. Wegen der höheren Krebsgefahr warnt Dr. Yazdi vor dem „Kiffen" und hält den Konsum in Lebensmitteln grundsätzlich für verträglicher.

Als engagierter Suchtmediziner hinterfragt er auch das Millionengeschäft, das mit Cannabis in etlichen US-Bundesstaaten gemacht wird, sowie die teils gravierenden sozialen und Umweltfolgen. Auf pointierte Art warnt er vor einer kompletten Legalisierung, also der völligen Cannabis-Freigabe, in Form von Marihuana, Haschisch und synthetischen Cannabinoiden. Das Cannabis-Verbot soll nach seiner Meinung jedoch nicht für kleine Mengen THC-armen Grases sowie (verschreibungspflichtige) cannabishältige Medikamente gelten.

Anderer Meinung ist die Journalistin Ute Woltron, die in ihrem 2020 erschienenen Büchlein „Hanf" die migränelindernde Wirkung des Cannabis, die sie am eigenen Leib erlebt, mit den Worten schildert: „Der Hanf war mein Retter in tiefer Pein." Auch der Autor Bruining Wernard beschreibt Hanf als wahres Wundermittel gegen so ziemlich alles und jedes. Der Vorarlberger Ski-Profi Daniel Meier stieß wegen chronischer Rückenschmerzen ebenfalls auf Hanf und wurde damit nicht nur wieder gesund. Er gründete mit drei weiteren Leistungssportlern 2018 die Firma „Hempions", deren Ziel die wirtschaftlich ertragreiche Nutzung von Hanf ist.

Die Europäische Lebensmittelsicherheitsbehörde (European Food Safety Authority, EFSA) hat 2015 eine Risikoanlayse für THC in Lebensmitteln durchgeführt und kam zum Ergebnis, dass die tägliche Aufnahme von bis zu zwei Mikrogramm THC pro Kilgramm Körpergewicht gesundheitlich unbedenklich ist.

Drogenproblem

Wenn man nur Zeitungsüberschriften glaubt, hat Österreich ein gewaltiges Haschischproblem: „1.040 Prozent mehr Haschisch in Wien beschlagnahmt" (Kurier, 27.4.2022). Im Text ist dann zu lesen, dass die Zunahme in Tirol sogar 7.355 Prozent beträgt. Das kommt allerdings daher, weil es viele Großaufgriffe gab, etwa im April 2021 in einem LKW bei Kufstein 261 Kilogramm Haschisch. Brigadier Daniel Lichtenegger, Leiter des Büros zur Bekämpfung der Drogenkriminalität im Bundeskriminalamt, meint laut diesem Artikel sogar, dass „Haschisch in Österreich grundsätzlich keine Relevanz mehr" hat. Aber auch wenn die durch Marihuana-Konsum verursachten gesundheitlichen Schäden deutlich geringer sind als die von Alkohol und Tabak: Regelmäßig Cannabis zu rauchen kann sowohl die geistige Leistungsfähigkeit als auch die Spermienqualität beeinträchtigen sowie das Risiko für Herzinfarkt, Schlaganfall, Psychosen und Schizophrenie (besonders bei sehr jungen Menschen) erhöhen.

Rauschhanf und Straßenverkehr

Der Abbauvorgang von THC-haltigem Hanf ist sehr komplex, individuell unterschiedlich und verläuft auch nicht so linear wie beim Alkohol. Marijuana ist jedenfalls auch dann noch nachweisbar, wenn der Rausch schon lange verflogen ist. Und wer in Deutschland mit einem Nanogramm THC pro Milliliter Blut im Straßenverkehr erwischt wird, muss mit dem Entzug des Führerscheins rechnen. Eine Grenzwertdiskussion des Verkehrsministeriums in Österreich wurde im Herbst 2022 mit dem Argument rasch beendet, dass das einer Rauschgift-Legalisierung gleichkäme.

Vereinfacht ausgedrückt steigt der THC-Gehalt im Blut beim Cannabis-Konsum erst sprunghaft an und fällt in den Stunden danach auch rasch wieder, allerdings nicht auf null: Vor allem bei mehr als nur ganz seltenem Konsum findet zusätzlich eine Wechselwirkung mit dem Fettgewebe statt, die dafür sorgt, dass ein sehr geringer Rest des THC weiterhin nachweisbar bleibt – und zwar über Tage oder sogar Wochen. Die dann zu messende Konzentration liegt nur unwesentlich über den derzeitigen Nachweisgrenzen und ist auch zu niedrig, um einen effektiven Rausch auszulösen.

Das jedenfalls ist die übereinstimmende Ansicht vieler Wissenschaftler, die dazu entsprechend geforscht haben. Doch das hat die Gesetzgeber in vielen europäischen Staaten bisher nicht angefochten: Sie zweifeln die Fahrtüchtigkeit an, sobald diese geringen Werte im Blut festgestellt werden.

Autolenker sollten beachten, was in einem Zeitungsbericht vom 29. November 2022 unter der Überschrift „Teure Lektion für Grazer (25): Abends gekifft, tags darauf den Schein verloren" berichtet wurde: Ein Fahrzeuglenker wurde zu Mittag des Folgetages mittels Speichelprobe getestet und THC-Rückstände festgestellt – obwohl die berauschende Wirkung bereits seit vielen Stunden verflogen war. Die teuren Folgen waren ein mehrmonatiger Führerscheinentzug, ein psychologisches Gutachten, eine Nachschulung und eine Geldstrafe zwischen 800 und 3.600 Euro. Der abendliche Joint kam somit auf mehrere Tausend Euro. Cannabis gilt zwar als weiche Droge, kann aber zu harten Strafen führen. Erst recht gilt das in restriktiven Staaten wie etwa

Russland. Dort wurde die US-amerikanische Basketballerin Brittney Griner am 17. Februar 2022 am Moskauer Flughafen wegen 0,5 Gramm Haschischöls, das in ihrer Heimat Arizona legal ist und das sie zu medizinischen Zwecken mitführte, festgenommen und wegen Drogenbesitzes und -schmuggel zu neun Jahren Haft und einer Geldstrafe von einer Million Rubel verurteilt. Sie wurde in einem berüchtigten Straflager in der russischen Teilrepublik Mordowien festgehalten und kam erst nach zehn Monaten im Zuge eines politischen Gefangenenaustausches zwischen den Vereinigten Staaten und Russland frei.

VERMARKTUNG

WIRTSCHAFTLICHKEIT

Hanfanbau muss sich für den Bauern rechnen. Die entscheidende Maßzahl dafür ist der Deckungsbeitrag je Hektar. Er errechnet sich, wenn vom Rohertrag die variablen Kosten abgezogen werden. Das heißt, die wesentlichen Einflussfaktoren sind: Korn- und Stroherträge, Produktpreise, die Kosten für Saatgut, Dünger, Pflanzenschutz, Reinigung und Trocknung sowie die variablen Maschinenkosten bzw. der Lohndrusch.

Vorauszuschicken ist, dass Hanf derzeit noch ein Nischenprodukt ist, dass vorwiegend auf ertragsschwachen Böden angebaut wird. Die üblichen Samenerträge liegen in Österreich zwischen 600 bis 800 Kilogramm pro Hektar, Spitzenerträge bis 1.200 Kilogramm sind jedoch auch möglich.

Im Jahr 2022 lag der Erzeugerpreis für Hanfsamen bei rd. 2,20 Euro pro Kilogramm (Bio-Ware) bzw. 1,30 Euro pro Kilogramm (konventioneller Anbau). Der Hanfstroh-Ertrag liegt zwischen drei bis fünf Tonnen pro Hektar, dafür sind rund 220 Euro pro Tonne (2022) zu erlösen – unaufbereitet jedoch nur rund 50 Euro pro Tonne. Die Erträge bei Hanfblüten und -blättern schwanken derart stark, dass keine generellen Werte angegeben werden können. Aufwandseitig fallen vor allem die Saatgutkosten an: Hanf-Saatgut kostet zwischen sechs bis zwöf Euro, manche Sorten bis 20 Euro pro Kilogramm.

Die Vergleiche der Jahre 2011 bis 2013 durch Dr. Klaus Ofner zeigten große Deckungsbeitrags-Unterschiede zwischen den Jahren und den Sorten mit extremen Schwankungen von einem negativen Deckungsbeitrag in der Höhe von -352,83 Euro pro Hektar bis zu einem sehr positiven Deckungsbeitrag von 1.155,85 Euro pro Hektar auf. Die namhaften Hanfbauern Österreichs erwirtschafteten Deckungsbeiträge zwischen 713,60 EUR bis 763,20 EUR pro Hektar – ohne EU-Förderungen.

Die österreichische Bundesanstalt für Agrarwirtschaft und Bergbauernfragen (BAB) kam in einer Sektoranlyse 2022 zum Ergebnis, dass der Deckungsbeitrag von Bio-Hanf mit 1.662 Euro jenen von Weizen (901 Euro), Sonnenblumen (980 Euro) und Soja (1.079 Euro) übertrifft. Auch bei konventionellem Anbau übertrifft Hanf mit 997 Euro andere Marktfrüchte wie Sonnenblumen

(332 Euro), Weizen (802 Euro) oder Ölkürbis (919 Euro). Nicht einkalkuliert sind hier die Kosten für Bewässerung und Düngung sowie Reinigung und Trocknung. Die Autoren weisen aber darauf hin, dass aufgrund fehlender Vermarkter dieser Deckungsbeitrag ein eher theoretischer Wert ist.

Da Hanf seit kurzem im neuen ÖPUL-Programm als seltene landwirtschaftliche Kulturpflanze (SLK) definiert ist, fordern etliche Hanfbauern die Einführung einer Flächenprämie für Hanf, um den heimischen Anbau gegenüber Billiglohnländern wieder konkurrenzfähiger zu machen.

Die in London ansässige Rohstoffplattform Canxchange publiziert regelmäßig Marktanalysen. Im Benchmark-Bericht für das erste Quartal 2022 wurde bei CBD-Produzenten ein Engpass festgestellt, nachdem Presseberichte über eine Wirksamkeit dieses Cannabinoids gegen Symptome des Covid-19-Virus publiziert worden waren. Dies hat zu einem deutlichen Preisanstieg geführt. Auch die europäische Nachfrage nach Hanfsamen für Lebensmittel wächst weiterhin rasant. Die Nachfrage nach Schäben für die Bauindustrie und an technischen Fasern ist hoch, das Angebot knapp. Dennoch wird festgestellt, dass die europäischen Hanfbauern – vor allem für Blüten und Biomasse – derzeit eher pessimistisch sind. Als Probleme werden die fehlende Marktintegration, die fehlende Produktstandardisierung, die großen Unterschiede bei den Produktionskosten von einem Gebiet zum anderen, die fehlende Spezialisierung und die Schwierigkeit für die Marktteilnehmer, eine angemessene Markttransparenz zu erlangen, angesehen. Dieser Analyse liegt eine Einteilung zugrunde in der „kleine Landwirte" eine Fläche von unter 500 Hektar bewirtschaften – sie ist also für österreichische Verhältnisse, insbesondere in der Direktvermarktung, nur bedingt aussagekräftig.

VERTRAGSANBAU

Der Vertragsanbau von Hanf bezieht sich darauf, dass ein Landwirt (Anbauer) Hanf für einen Auftraggeber (z. B. ein Unternehmen, das Hanfprodukte herstellt) anbaut. Hier sind einige wichtige Aspekte, die beim Vertragsanbau von Hanf zu beachten sind:

1. **Vertragliche Vereinbarungen**: Vereinbarungen sollten schriftlich in einem klaren und rechtlich bindenden Vertrag festgehalten werden. Der Vertrag sollte alle relevanten Details enthalten, einschließlich Anbaufläche, Anbaumethoden, Erntezeitpunkt, Qualitätsstandards und Zahlungsbedingungen.

2. **Rechtliche Rahmenbedingungen**: Informieren Sie sich über die gesetzlichen Bestimmungen bezüglich des Hanfanbaus in Ihrer Region. Der Anbau muss gemäß den lokalen Gesetzen und Vorschriften erfolgen. Dies kann die Einholung von Genehmigungen und Lizenzen einschließen.

3. **Qualitätsstandards**: Im Vertrag sollten klare Qualitätsstandards für den Hanfanbau festgeschrieben werden. Dies kann den THC-Gehalt, Reinheitsanforderungen und andere Qualitätsparameter umfassen. Die Qualität der Hanfernte ist oft entscheidend für den Erfolg und die Einhaltung von gesetzlichen Vorschriften.

4. **Liefervereinbarungen**: Klären Sie im Vertrag, wie die Lieferung der geernteten Hanfernte erfolgen soll. Dies kann Aspekte wie Transport, Verpackung und Zustellzeitpunkte umfassen.

5. **Vergütung und Zahlungsbedingungen**: Der Vertrag soll die Vergütung für den Anbauer sowie die Zahlungsbedingungen enthalten. Dies kann eine Pauschalzahlung, eine Beteiligung an den Erträgen oder eine andere Vereinbarung sein.

6. **Risikoaufteilung**: Berücksichtigen Sie im Vertrag, wie Risiken wie schlechtes Wetter, Schädlinge oder unvorhergesehene Ereignisse aufgeteilt werden. Es sollte klar sein, welche Partei für welche Art von Risiken verantwortlich ist.

7. **Kommunikation und Zusammenarbeit**: Es ist sinnvoll, vertraglich festzulegen, wie die Kommunikation und Zusammenarbeit zwischen dem Anbauer und dem Auftraggeber stattfinden soll. Dies umfasst möglicherweise regelmäßige Updates, Inspektionen und andere Formen der Zusammenarbeit.

8. **Vertraulichkeit und Geheimhaltung**: Falls erforderlich, kann der Vertrag auch Bestimmungen zur Vertraulichkeit und Geheimhaltung enthalten, insbesondere wenn es um spezielle Anbaumethoden oder Sorten geht.

Es ist ratsam, einen Anwalt oder Experten für Vertragsrecht hinzuzuziehen, um sicherzustellen, dass der Vertrag rechtlich solide ist und die Interessen beider Parteien angemessen schützt. Hanfanbauverträge können je nach Region und Rechtsprechung stark variieren, daher ist es wichtig, auf die spezifischen Anforderungen vor Ort einzugehen.

DIREKTVERMARKTUNG

Hanf kann für klein strukturierte Betriebe, vor allem in der Direktvermarktung, ein interessantes Standbein sein. Damit lassen sich auch kleinere Bestände zu angemessenen Preisen verkaufen, da der Direktvermarkter den Produktpreis selbst festlegen kann.

Die Direktvermarktung von Hanfprodukten kann je nach Standort und Gesetzgebung unterschiedliche Anforderungen und rechtliche Aspekte mit sich bringen. Hier sind einige allgemeine Punkte, die bei der Direktvermarktung von Hanfprodukten beachtet werden sollten:

1. **Gesetzliche Rahmenbedingungen**: Informieren Sie sich über die gesetzlichen Bestimmungen und Vorschriften für Hanfprodukte in Ihrer Region, die den Anbau, die Verarbeitung und den Verkauf von Hanfprodukten regeln. Die bäuerlichen Interessensvertreter und erfahrene Hanfbauern sind diesbezüglich gute Ratgeber.

2. **Lizenzierung und Genehmigungen**: Überprüfen Sie, ob Sie spezielle Lizenzen oder Genehmigungen für den Anbau, die Verarbeitung und den Verkauf von Hanfprodukten benötigen. In vielen Ländern ist eine Lizenz notwendig, um Hanf anbauen und verarbeiten zu dürfen.

3. **THC-Gehalt**: Achten Sie darauf, dass die Hanfprodukte den gesetzlichen THC-Grenzwerten entsprechen. Zu hohe Mengen an THC können rechtliche Konsequenzen haben.

4. **Qualitätskontrolle**: Sie sollten umfassend sicherstellen, dass die Qualität Ihrer Hanfprodukte hoch ist. Dies betrifft Aspekte wie Reinheit, Herstellungsprozesse und Qualitätszertifikate.

5. **Kennzeichnung und Verpackung**: Alle Produkte müssen ordnungsgemäß gekennzeichnet und verpackt sein. Informationen wie der THC-Gehalt, die Herkunft des Hanfs und die Verwendungszwecke sollten klar auf den Etiketten angegeben sein.

6. **Kundeninformation**: Informieren Sie Ihre Kunden klar über die Eigenschaften der Hanfprodukte, ihre Verwendungszwecke und etwaige gesundheitliche Auswirkungen. Transparente Kundenkommunikation ist wichtig.

7. **Marketing und Werbung**: Seien Sie vorsichtig mit Marketing und Werbung für Hanfprodukte! Vermeiden Sie irreführende Aussagen und halten Sie sich an die gesetzlichen Vorschriften bezüglich der Werbung für Cannabisprodukte (z. B. health claims).

8. **Versand und Vertrieb**: Auch der Versand und Vertrieb Ihrer Hanfprodukte muss den gesetzlichen Vorschriften entsprechen. Dies betrifft auch den internationalen Versand, wenn Sie außerhalb Ihres Heimatlandes verkaufen.

Zuerst sind die geeigneten Hanfsorten für die beabsichtigte Hauptnutzung unter den gegebenen Wuchsbedingungen zu finden. Vor allem für die maschinelle Ernte kleiner Flächen müssen individuelle Lösungen, idealerweise durch Kooperationen für eine gemeinschaftliche Ernte und Verarbeitung, gefunden werden. Da die Preise für zertifiziertes Saatgut sehr unterschiedlich und teilweise sehr hoch sind, ist auch das ein wichtiger Faktor.

Beachten Sie die Vorschriften bei der Herstellung und Lagerung von Lebensmitteln, die gesetzlichen Deklarationsvorgaben und Qualitätsanforderungen.

Bei der Herstellung von Extrakten und Ölen ist darauf zu achten, dass die Auslobung von „health claims“, also gesundheitlichen Vorteilen durch Konsum bzw. Anwendung, ganz strengen Richtlinien unterliegen! In der Europäischen Union ist die Europäische Behörde für Lebensmittelsicherheit (EFSA) dafür zuständig. Gesundheitsbehauptungen müssen von Regulierungsbehörden vor der Verwendung genehmigt werden. Unternehmen müssen möglicherweise wissenschaftliche Nachweise vorlegen, die die behaupteten gesundheitlichen Vorteile unterstützen, und nur autorisierte Behauptungen dürfen auf Produktetiketten verwendet werden. Daher ist vor allem in der Direktvermarktung dringend davon abzuraten.

INVESTORENMODELL

Hanf ist wieder modern – und das zieht auch dubiose Geschäftemacher an. So etwa das Klagenfurter Unternehmen „Myfirstplant". Dieses wirbt damit, für Investoren Hanfpflanzen anzukaufen, diese zu betreuen und zu ernten. Geld aus der Ernte, die viermal jährlich erfolgen soll, bekommen die Investoren gutgeschrieben. Allerdings warnt die Stiftung Warentest vor unrealistischen Renditeversprechen von 40 bis 50 Prozent im Jahr und hat die Firma deswegen in die aktuelle Warnliste Geldanlage aufgenommen – wie auch die Schweizer Plants AG. Wie recht die Konsumentenschützer mit dieser Warnung hatten, zeigte sich im August 2023: Der Geschäftsführer dieser Firma wurde verhaftet, der Schaden soll 16 Millionen Euro betragen und es soll 17.000 Opfer geben.

HANFTOURISMUS

„Nach Amsterdam auf a Gramm" sang die steirische Band „UR" und drückt damit einen touristischen Schwerpunkt der holländischen Hauptstadt aus, nachdem in Holland der Verkauf sogenannter weicher Drogen in Coffee-Shops 1980 erlaubt wurde. Weltweit zog es vor allem die Hippies der 1960er und 1970er Jahre in Orte mit einer liberalen Drogengesetzgebung: Zürich, San Francisco, Kabul, Kathmandu, Goa. Kiffer sind ein bedeutender Wirtschaftsfaktor. So etwa in Uruguay, das Cannabis 2013 offiziell für seine Staatsbürger legalisierte, oder Kanada, das diesen Schritt 2018 für jedermann wagte. Hingegen ist Marihuana in Jamaika offiziell illegal – Kiffen ist aber alltäglich. Auch in Thailand hat sich um Cannabis ein großer Wirtschaftszweig gebildet, der legale asiatische Markt wird bis 2024 auf 12,5 Milliarden US-Dollar geschätzt. Verstärkt durch den touristischen Zusammenbruch aufgrund der Covid-19 Maßnahmen versucht das tourismusabhängige Land nun durch medizinische Hanfanwendungen ein luxuriöses Publikum anzusprechen. Große Reiseveranstalter bieten in Zusammenarbeit mit der Rajamangala University of Technology Isan hochpreisige Cannabis-Touren und Wellness-Aufenthalte an. Hanftourismus ist heutzutage also mehr Gesundheits- als Drogentourismus.

Hanfdorf Hanfthal

Die 600 Einwohner zählende Katastralgemeinde Hanfthal im nördlichen Weinviertel gehört zur Stadt Laa an der Thaya und hat sich das Thema Hanf zum touristischen Schwerpunkt gesetzt. Im Jahr 1149 wurde der Ort als „Haniftal" erstmals urkundlich erwähnt. Unter anderem der gut erhaltene Rundanger um einen früheren Teich zeugt von der langen Tradition des Hanfanbaues. Ab 1997 beschäftigte sich die sehr aktive Dorfgemeinschaft mit der namensgebenden Pflanze, seit 2004 bauen Hanfthaler Landwirte wieder großflächig Hanf an. Hanfthal ist Sitz der Firma „Hanfland", hat einen Hanf-Erlebnispfad, ein Hanfmuseum und ein Hanfentwicklungszentrum im Dorfkeller. Vielfältige Hanfprodukte gibt es im ortsansässigen Laden oder online, mit Hanf verfeinerte Speisen und Getränke im Dorfwirtshaus, geführt von einem Haubenkoch. Hanfthal hat sich in der Hanfverarbeitung etabliert, es zieht aber auch Tausende Besucher pro Jahr an.

Schautafeln informieren die Besucher von Hanfthal über Wissenswertes zum Hanf.
Foto: Riemelmoser

Aber auch andere Ortschaften haben sich als Hanfdörfer touristisch einen Namen gemacht, so etwa Reingers im Waldviertel, das sich seit 2002 als Hanfdorf profilierte.

Hanfmuseen

Hanfmuseum Hanfthal

Das kleine, aber sehr feine Hanfmuseum in Hanfthal (Niederösterreich) besteht seit 1999. Im ehemaligen Tiefkühlhaus des Ortes wurde eine Ausstellung über die verschiedenen Verwendungszwecke von Hanf eingerichtet. Neben Hanftextilien, einem Schwerpunkt zum Thema „Bauen mit Hanf" und zu historischen Hanfverarbeitungswerkzeugen liegt dort auch ein Exemplar der „lustigen Hanffibel" aus dem Jahr 1943 zur Ansicht auf.

Ein Blick ins Hanfmuseum in Hanfthal, das zur 850-Jahr-Feier des niederösterreichischen Ortes eröffnet wurde.
Foto: Riemelmoser

Hash Marihuana & Hemp Museum in Amsterdam

Das Hash Marihuana & Hemp Museum in Amsterdam wurde 1987 von Ben Dronkers, dem Gründer von Sensi Seeds gegründet und mittlerweile von über zwei Millionen Menschen besucht.

Hier findet man eine Sammlung von über 9.000 verschiedenen Gegenständen der Hanfpflanze. Laut eigenen Angaben ist es weltweit die größte Museumssammlung rund um die Hanfpflanze vom Anbau bis zum Konsum, von alten Ritualen bis hin zur modernen Medizin.

Neben dem Hauptmuseum in der Oudezijds Achterburgwal 148, Amsterdam, gibt es auch eine Zweigstelle in Barcelona.

INFO! Sensi Seeds

„Sensi Seeds" ist das Unternehmen mit der weltgrößten Cannabis-Saatgutdatenbank mit über 500 Sorten. Die Firma forscht seit 1985 in diesem Gebiet. Die niederländische Regierung beauftragte Sensi Seeds, das medizinische Cannabis für Apotheken zu entwickeln. Das Schwesternunternehmen „HempFlax", 1993 gegründet, entwickelt neue Verarbeitungsmethoden und spezialgefertigte Maschinen zur Kultivierung von Hanf. Landwirtschafts- und Baumaschinenhersteller wie „John Deere" richten sich nach den Standards von Sensi Seeds.

Hanfklopfer

Ein Hanfklopfer ist eine holländische Windmühle, die jahrhundertelang dazu verwendet wurde, um Hanffasern weich zu schlagen. Daraus wurden Seile und Segeln für die Schifffahrt hergestellt. In Zaanstreek, 20 Kilometer von Amsterdam entfernt, kann man den einzigen noch existierenden Hanfklopfer „De Paauw" besichtigen.

Hanf-Museum in Berlin

Das Hanfmuseum am Mühlendamm 5 in Berlin wurde 1994 gegründet und beinhaltet auf 300 Quadratmetern alle Themen rund um den Hanf, vom Anbau über die Ernte sowie die verschiedenen Nutzungsmöglichkeiten.

Cannabis-Museum in Zagreb

Das Cannabis-Museum in Zagreb wurde 2021 eröffnet und hat 250,2 Innen- und 150 Quadratmeter Außenfläche. Hier kann man in sieben Abschnitten alles über die Geschichte von Hanf, die medizinische Forschung und die Verwendung von Hanf erfahren. Die Eintrittskarte kann man sogar rauchen, besteht sie doch aus Zigarettenpapier und Filter Tips.

Erfahrung zum Thema Hanf hat man in Kroatien genug, war doch 1949 das damalige Jugoslawien der drittgrößte Hanfproduzent mit 2000.000 Hanfkulturen Hanfkulturen.

Museo della Canapa bei Bologna

Auch in Italien hat der Hanfanbau lange Tradition. Daher ist es nicht verwunderlich, dass es einige Museen gibt, die die Geschichte der Verarbeitung von Hanf aufzeigen, wie etwa das Museum des bäuerlichen Lebens in Romagna di Russi bei Ravenna, das Hanfmuseum in Sant Anatolia di Narco bei Perugia oder das Hanfmuseum in Pisoniano bei Rom.

In der Nähe von Bologna, in Pieve di Cento ist das Hanfmuseum, das 2013 eingeweiht wurde. In diesem Museum wird die wirtschaftliche Bedeutung des Hanfanbaus in Pieve vom 19. Jahrhundert bis in die 1960er Jahre gezeigt. Man kann sich über die Geschichte und die Techniken des Anbaus und die weitere Behandlung und Verarbeitung von Hanf informieren. Außerdem wird der Zusammenhang von Landwirtschaft, Handel und Handwerk dargestellt.

Hanfverarbeitung in Carmagnola bei Turin

Hier kann man die langen Gänge sehen, in denen noch bis in die 1950er Jahre die Hanffasern gesponnen wurden. Diese „sentés" waren offen oder auch überdacht und hatten dadurch die Seile eine Länge von 50 bis 150 Metern. Einige davon waren in die Umgebung eingebettet wie in Märkte und überdachte Wege. Allein in Borgo San Bernardo gab es 96 solcher Seilerwege. Die Arbeit der Hanfspinner war beschwerlich, staubig und schlecht bezahlt, oft nur in Naturalien wie Hanfstängeln als Feuerholz. Frauen spannen den Hanf, singend und betend um sich die Zeit zu vertreiben, Männer hackten die Fasern und der sog. „voltatore" bediente das Spinnrad. Seit 1600 waren die Bewohner von San Bernardo spezialisiert auf die Herstellung von Hanfseilen und 1617 wurde hier die erste Fabrik zur Hanfseilproduktion für die sardische Armee eröffnet. Mitte des 19. Jahrhunderts erreichte die Hanfproduktion ihren Höhepunkt mit 30 Fabriken.

Museum des Hanfs und der Frauenarbeit in Prazzo bei Cuneo

Im Museum mit dem Titel „Frauen, Arbeit und Tuch" in Prazzo wird auf die wichtige Rolle der Frau in der Familie und den Anbau und die Verarbeitung von Hanf als wichtige Einnahmequelle für die Wirtschaft eingegangen. Gezeigt werden vor allem Textilien.

Alte Seilfabrik „Verona" in Thiene bei Vicenza

In diesem Museum, einer ehemaligen Seilfabrik, die 1789 gegründet wurde, kann man den Prozess der Hanfverarbeitung besichtigen. Barren von 100 Kilogramm Hanf wurden geliefert und in zwei Gruppen geteilt. Der holzigere Teil wurde für Seile verwendet, aus den feineren Teilen wurden dünne Stoffe und Leinwände gefertigt. Um den Hanf zu zerteilen, wurde er mit einer robusten Holzstange namens „Croce" geschlagen. Dann wurde mit einer Art Bürste, dem „Sgranfio", die weicheren Teile gewonnen.

Die Möglichkeiten von Nutzhanf sind längst noch nicht ausgeschöpft. Foto: CO2 EA GmbH

VERWENDETE LITERATUR

Agrarmarkt Austria: Merkblatt Hanf, Februar 2022

Berger, Markus: Hanf!, AT Verlag, Aarau 2020

Bobcat Press (Hg.): Das Rausch-Kochbuch, Nachtschatten Verlag, Solothurn 1999

Buchgraber, Karl, et al.: Produktionsnischen im Pflanzenbau, Leopold-Stocker-Verlag Graz 1997

Bruining, Wernad: Hanf heilt, Mobiwell Verlag Immenstadt 2013

Dorfgemeinschaft Hanfthal (Hg.): Vom Rundanger-, zum Blumen- und Hanfdorf 1996–2016, Eigenverlag 2016

Ehmer, Susanne & Ehrlich, Andreas: Hanf – Die vielseitige Kraft einer Nutz- und Heilpflanze, Tosa-Verlag, Fränkisch-Crumbach 2020

Ehmer, Susanne & Ehrlich, Andreas: Nutzpflanze Hanf – Wohltuendes aus der Natur, Tosa-Verlag, Fränkisch-Crumbach 2020

Grotenhermen, Franjo: CBD – Ein Cannabinoid mit Potential, Nachtschatten-Verlag Solothurn 2017

Hagen, Christina: Hanf – eine vielseitige Pflanze und nachhaltige Ressource, Diplomarbeit Graz 2016

Hai, Hainer & Rippchen, Ronald: Hanf-Handbuch, Der grüne Zweig, Neuauflage 2002

Hempions: Hanf-Rezeptbuch – Hanf für Champions, Lustenau 2020

Herer, Jack: Die Wiederentdeckung der Nutzpflanze Hanf, Nachtschatten Verlag, Solothurn 2013

Holzer, Stefan: Produkte aus Pflanzenfasern im Kontext der Wiener Warenkundesammlung, Diplomarbeit Wien 2018

Iden, Karin: Das Hanf-Kochbuch, Seehamer Verlag Weyarn 2000

Kainer, Helga: Hanf als nachwachsender Rohstoff, Diplomarbeit Graz 1996

Reichsnährstand (Hg.): Die lustige Hanffibel, Berlin o. J. [1943]

Schöberl, Veronika & Grieb, Michael & Fritz, Maendy: Hanf zur stofflichen Nutzung – Stand und Entwicklungen, Berichte aus dem TFZ Nr. 68, Straubing 2020

Spiekermann, Uwe: Das Verschwinden des Hanfes. Landwirtschaftliche Produktion, gewerbliche Verarbeitung und Konsumwandel im langen 19. Jahrhundert, veröffentlicht 29.6.2019

Spiekermann, Uwe: Der kurze Aufschwung des Indischen Hanfes: Cannabis zwischen Naturwissenschaften und Markt, veröffentlicht 14.9.2019

Stelzer, Christoph & Weigl, Martin: Sektoranalyse Hanf, Abschlussbericht zur Projekt BAB 053/22, Bundesanstalt für Agrarwirtschaft und Bergbauernfragen, Wien 2023

Tendl, Alexandra: Die Bedeutung von Hanf aus unterschiedlichen Perspektiven, Diplomarbeit Graz

Vogl, Christian, et al.: Die praktische Hanf Fibel, Universität für Bodenkultur Wien 1997

Woltron, Ute: Hanf – ein Portrait, Berlin 2020

WEITERFÜHRENDE LITERATUR

Wir haben uns bemüht, mit diesem Praxisbuch alles Wissenswerte über den landwirtschaftlichen Hanfanbau kompakt zusammengefasst aufzubereiten. Wer sich über die vielfältigen anderen Aspekte von Cannabis informieren, aber keine viele hundert Bücher umfassende Bibliothek anlegen möchte, dem empfehlen wir – neben einer schier unüberschaubaren Anzahl informativer Internetseiten – vor allem folgende Literatur, die den landwirtschaftlichen Anbau aber nur sehr oberflächlich erwähnt:

Detaillierte Geschichte und Biologie des Hanfes:

Berger, Markus: Hanf!, AT Verlag, 150 Seiten, Aarau 2020

Herer, Jack: Die Wiederentdeckung der Nutzpflanze Hanf, 526 Seiten, Nachtschatten Verlag, Solothurn 2013

Kochen und Backen mit Hanf:

Iden, Karin: Das Hanf-Kochbuch, 160 Seiten, Seehamer Verlag Weyarn 2000

Medizinischer Einsatz von Hanf:

Ehmer, Susanne & Ehrlich, Andreas: Hanf – die vielseitige Kraft einer Nutz- und Heilpflanze, 128 Seiten, Tosa-Verlag, Fränkisch-Crumbach, 2020

GLOSSAR

Bhang cannabishaltiges Lassigetränk, das in Indien bei religiösen Riten verwendet wird

Bong Wasserpfeife ohne Schlauch

Cannabinoide Wirkstoffe (Terpenphenole) in Cannabispflanzen

Cannabis wissenschaftlicher Name der botanischen Gattung der Hanfgewächse

Cannabidiol „das gute Cannabis", Wirkstoff aus den Blüten der Hanfpflanze, chemische Ähnlichkeit mit THC jedoch völlig unterschiedliche medizinische Wirkung (vielfältiger gesundheitlicher Nutzen, macht nicht süchtig)

CBC Cannabichromen; entzündungshemmende, antibiotisches, beruhigendes Cannabinoid

CBD Cannabidiol; nicht psychoaktives Cannabinoid, kann auch vom Endocannabinoidsystem des Körpers gebildet werden (siehe Seite 113ff.)

CBG Cannabigerol; leicht psychoaktives Cannabinoid, das nur von der Pflanze produziert wird; antibiotisch und schlaffördernd

CBN Cannabinol; nicht psychoaktives Cannabinoid; antibiotisch, antiepileptisch, beruhigend, leicht halluzinogen

Charas indische Haschischvariante, die aus der frischen Pflanze gewonnen wird

Dope Szenebezeichnung für Haschisch, aber auch Marihuana

Endocannabinoide von Nervenzellen produzierte körpereigene Botenstoffe mit Ähnlichkeiten zu Cannabis, regeln z. B. Schmerzempfinden und Muskelspannung

Gras getrocknete Blüten und blütennahe Blätter der Hanfpflanze, englisch: weed

Ganja altindische Sanskrit-Bezeichnung für Hanf, wird auch in der Rastafari-Bewegung verwendet

Grower Hanfgärtner, Anbauer von Rauschhanf

Hanf deutscher Name der Pflanzengattung Cannabis

Haschisch Harz der Hanfpflanze mit hohem THC-Gehalt, gepresst in Platten oder gelöst in Öl

Industriehanf siehe Nutzhanf

Joint getrocknete Hanfblüten pur oder mit Tabak vermischt zu Zigaretten gedreht

Kiffer Haschischkonsument; mitunter abwertend gemeint

Marihuana siehe Gras; Züchtungen aus *C. sativa* mit hohem THC-Gehalt

Medizinalhanf Cannabinoide, vor allem THC und CBD, machen bestimmte Hanfsorten zu einem wertvollen Rohstoff in der Pharmazie, insbesondere in der Schmerztherapie

Nutzhanf Sorten von *Cannabis sativa*, die nicht als Droge verwendet werden. Genutzt werden Fasern, Schäben und Samen, aber auch Blüten und Blätter (THC-arm)

Rauschhanf Hanfzüchtungen mit hohem THC-Anteil bis 30 Prozent; in der Schweiz: rekreativer Hanf (siehe Seite 47)

Shit Synonym für Haschisch

Strain artreine, gezüchtete (Rausch-) Hanfsorte

THC Delta-9-Tetrahydrocannabinol; berauschendes Cannabinoid (siehe Seite 111)

Wildhanf *Cannabis ruderalis* (siehe Seite 46)

Foto: CO2 EA GmbH

DIE AUTOREN

Mag. Dr. Angelika Riemelmoser war Universitätsassistentin an der Universität Graz und ist Autorin für juristische und agrarische Artikel und Fachbücher.

Ing. Mag. Robert Riemelmoser arbeitet im Landwirtschaftsministerium und betreibt in der Obersteiermark eine kleine Landwirtschaft mit Schwerpunkt Farmwildhaltung.

Beide Autoren suchen immer wieder Alternativ- und Nischenproduktionszweige für die kleinbäuerliche Landwirtschaft und sehen in der alten Kulturpflanze Hanf sehr großes Potenzial. Auf Cannabis sind sie durch gesundheitlich bedingtes persönliches Interesse an dessen wiederentdeckten medizinischen Wirkungen gekommen. Sehr rasch waren sie von den vielseitigen Verwendungsmöglichkeiten beeindruckt.

Mag. Dr. Angelika Riemelmoser und Ing. Mag. Robert Riemelmoser haben sich in den letzten Jahren intensiv der Recherche rund um Nutzhanf verschrieben. Foto: privat

Aus unserem Programm

ISBN 978-3-7020-1444-5

ISBN 978-3-7020-1765-1

Aus unserem Programm

ISBN 978-3-7020-2054-5

ISBN 978-3-7020-1709-5

Aus unserem Programm

ISBN 978-3-7020-1714-9

ISBN 978-3-7020-1769-2